세계 최고 브루어리의 수제맥주 레시피

Craft Brew

세계 최고 브루어리의 수제맥주 레시피

Craft Brew

유안 퍼거슨 지음 | (사)한국맥주문화협회 감수

BOOKERS

Contents

브루어리

잉글랜드

스코틀랜드

아일랜드

웨일즈

미국

Introduction
들어가며

왜 맥주를 직접 만드는가? 술집에만 가도 얼마든지 맥주를 마실 수 있고, 수백 개의 스타우트, 페일 에일, 라거의 무게에 신음하는 주류판매점이나 마트의 선반이 그렇게나 많은데 말이다. 과연 전문가가 만드는 것보다 좋은 맥주를 집에서 만들 수 있을까? 어쩌면 그럴 수도 있고, 아닐 수도 있지만, 뭐 별로 중요하지는 않다. 분명한 것은 내가 마실 맥주를 직접 만드는 일이 무척 재미있고, 만족스러우며, 창조적인 활동이라는 점이다.

인간은 최소한 기원전 9000년경부터 발효된 곡물이 인생을 살맛나게 한다는 사실을 알았다. 오늘날 맥주는 세계에서 가장 인기 있는 술이다. 요즘 한창 '맥주 르네상스'니 '맥주 혁명'이니 하는데, 애초에 맥주의 전성기가 끝난 적도 없다는 것을 떠올려보면 이런 표현은 좀 이상하다. 정말로 변화하고 있는 것은 맥주가 아니라 맥주에 대한 우리의 생각이다. 맥주의 다양성, 맛, 힘, 잠재력, 심지어는 사회적 위치까지도 말이다. 이 현상의 중심에는 크래프트 맥주가 있다.

크래프트 맥주?

크래프트 맥주란 무엇인가? 크래프트craft라는 단어에 의미가 있기는 한가? 혹자는 크래프트 맥주는 생산량이 적다고 말한다. 그에 대한 대답은, 글쎄, 물론 버드와이저 같은 대기업 맥주에 비해서는 그럴 테다. 하지만 2014년 한 해 동안 캘리포니아 브루어리에서 60만 배럴의 맥주를 생산한 라구니타스Lagunitas 같은 크래프트 맥주 브랜드도 있다. 한편, 크래프트 맥주를 양조하는 사람은 모두 독립브루어라는 의견도 있다. 이것은 대체로 사실이다. 크래프트 맥주 애호가들은 거대 자본의 영향이 미치지 않은 크래프트 맥주가 더 맛있다고 말할지도 모른다.

크래프트 맥주를 정의하는 또 다른 의견으로는 강렬한 맛, 높은 도수, 맥주와는 어울리지 않는 듯한 부재료(이를 테면 허브나 자몽, 통카 빈 같은)의 특성을 꼽는다. 그러나 아주 오래 전의 양조법을 현대적으로 재해석한 마블의 맨체스터 비터(Marble's Manchester Bitter, 173쪽 참고)처럼 시음자의 뒤통수를 때리기보다는 부드럽게 감싸는 맛을 지닌 맥주 맛을 생각해보면 그렇게 딱 잘라 말할 것도 아니다.

그러니 크래프트 맥주를 정의하는 것은 결국 각자의 몫이다. 크래프트 맥주는 양보다 질, 마진보다는 원칙, 냉소보다는 영혼을 중시하는 맥주라고 할 수 있다. 당신의 취향이 이렇다면 크래프트 맥주와 잘 맞을 것이다.

이 책은 당신이 크래프트 맥주를 즐기는 것뿐만 아니라 직접 빚을 수 있도록 도와줄 것이다. 가내양조, 즉 홈브루잉home brewing은 소위 크래프트 맥주 혁명의 핵심 요소다. 대부분의 크래프트 맥주 회사들은 홈브루잉에서 출발했으며, 지금도 여전히 제품과 소비자 사이의 긴밀한 관계를 인식하고 있다.

세계 최고의 브루어리

이 책에 실린 모든 레시피는 지금 이 순간 세계에서 가장 흥미롭고 획기적이며 두려움과 타협을 모르는 브루어리로부터 직접 입수한 것이다. 미켈러mikkeller의 크림 에일이나 자이갠틱Gigantic의 자이노머스 임페리얼 IPA에 도전하는 것은 일반적인 맥주를 빚는 것보다 더 큰 즐거움과 영감을 제공할 것이다. 단순한 레시피를 따라하는 것부터 시작해서 브루잉 기술과 장비 사용에 조금 익숙해지면 다른 레시피에도 도전해보자. 자

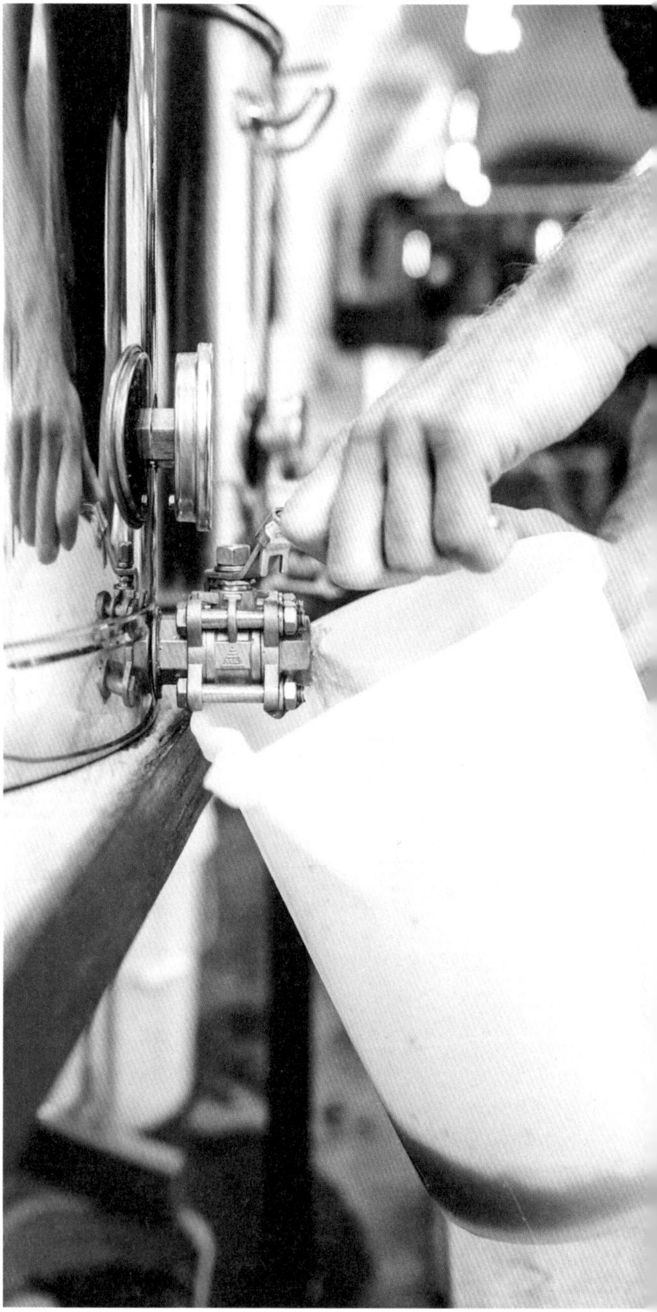

신감이 붙으면 이 책에 실린 레시피를 발판 삼아 자신만의 작품을 만들어볼 수도 있다. 여러 단계에서 홉을 더 많거나 적게, 혹은 다른 종류를 섞거나 로스티드 몰트Roasted malt와 호밀이나 귀리 등을 첨가하고, 과일이나 허브, 향신료, 차, 초콜릿, 바닐라, 커피 등의 다양한 부재료를 섞어볼 수도 있다. 당신의 맥주를 한정 짓는 것은 오직 당신의 상상력뿐이다.

키트, 추출물, 완전곡물 방식

누구나 맥주를 만드는 데 필요한 모든 재료가 담긴 키트를 구입할 수 있다(음, 솔직히 말하자면, 일종의 맥주라면 맥주인 음료가 된다). 맥아와 홉 혼합추출물 한 봉지를 뜯어 물과 섞어 용기에 붓고 발효시킨 후 마신다 – 사실상 이것이 맥주 양조의 큰 틀이다. 그러나 전자레인지 3분요리나 저가의 조립식 가구를 살 수 있다고 해서 꼭 그것만 먹거나 사용할 필요는 없지 않은가! 키트를 사용하면 맥주와 아주 유사한 근사치의 음료는 얻을 수 있겠지만, 그 재미는 원재료 선정에서부터 시작하는, 홈브루잉이 선사하는 즐거움의 극히 일부분에 불과할 것이다.

키트 양조에서 한 단계 올라가면 곡물 대신에 건조 맥아 추출물Dried Malt Extract을 사용하는 것이다. 이 방법은 당화mashing 단계에서 가용성 분말 또는 시럽 형태의 물질을 사용한다. 이 방법을 사용하면 꽤 괜찮은 맥주를 얻을 수 있고, 많은 홈브루어들이 이런 식으로 맥주 양조의 여정을 시작한다. 꽤나 쉬운 방법이지만 실제 양조 과정에서 겪는 여러 가지 시련과 시행착오, 그리고 마침내 성공으로 향하는 승리의 과정을 놓치고 있다는 느낌을 줄 수 있다.

이 책에서는 처음부터 완전곡물all-grain 방식으로 맥주 양조에 뛰어들기를 추천한다. 실수와 계산 착오로부터 많은 교훈을 얻을 수 있을 것이다. 따라서 여기 실린 레시피는 전부 완전곡물 레시피다. 즉 추출물 등을 사용하는 대신 진짜 맥아와 홉을 사용하는 것이다. 품은 조금 더 들지 몰라도 확실히 그만한 가치가 있다.

과연 소위 '크래프트' 홈브루잉은 일반적인 홈브루잉과 크게 다른가? 이론적으로는 아닐지도 모르지만, 원칙적으로는 그렇다. 오늘날 우리에게 익숙한 홈브루잉은 엄밀히 말해 역사적으로 일관된 관행이 아니다(적어도 합법이냐 불법이냐의 측면에서 그렇다). 예를 들어, 영국에서는 1963년까지 무면허 홈브루잉이 금지되었다. 미국에서는 0.5% ABVAlcohol by volume보다 도수가 높은 맥주를 집에서 빚는 것이 1978년까지 불법이었다. 20세기 후반 홈브루잉 문화를 선도했던 초기의 실천가들은 홈브루잉의 창의적인 맥락보다는 그 전망과 수익성에 매력을 느꼈기 때문에, 홈브루잉으로 만든 맥주는 도저히 마실 게 못 되는, 찌꺼기로 가득한 양동이를 생산해내는 것에 불과하다는 악명을 얻고 말았다(이 이미지를 떨쳐내는 데 상당히 고생했음은 물론이다). 새로운 세대의 홈브루어들은 아주 다양한 재료들에서 영감을 받았고, 이를 맥주에 적용하고자 했다.

이제는 동네 주류판매점이나 펍에서 수천 마일 떨어진 곳에서 생산된 맥주를 취급한다(바라건대, 길 건너에서 생산된 맥주도 팔기를). 비버타운 브루어리Beavertown Brewery의 스모그 로켓 포터는 런던 북쪽 지역에서 생산되었지만 북미 지역에서도 판매된다. 뉴질랜드 사람들은 미켈러의 유명한 비어 긱 브렉퍼스트 오트밀 스타우트를 아침으로 마실 수 있다. 한편 지구 반대편 덴마크의 미켈러 온라인숍에서는 뉴질랜드의 유명한 브루어리 에잇와이어드8-Wired에서 생산된 맥주를 판매한다. 대부분의 홈브루잉 용품점에서는 영국의 고전적인 품종인 퍼글스Fuggles나 브램링크로스Bramlin Cross부터 호주산 열대품종 갤럭시Galaxy에 이르기까지, 전 세계의 다양한 홉을 판매한다. 가장 대중적인 보리부터 스펠트밀, 메밀, 호밀까지 모든 색상의 볶은 곡물을 살 수 있다. 만약 당신이 크래프트 맥주 애호가라면 이미 세종, 위트비어, 체리 사우어, 임페리얼 스타우트 등의 맥주 종류에 익숙할 것이다. 뿐만 아니라 자신만의 취향도 있을 테다. 이제는 나만의 맥주를 빚는 데 도전해볼 차례다.

시작은 심플하게, 그리고 모험하라!

홈브루잉의 여정을 시작하기 전에 기억해두자. 레시피는 출발선일 뿐이다. 이 책에 실린 레시피는 각각의 브루어리에서 직접 사용하는 방식으로, 당신의 브루잉 환경과는 매우 다른 설비에 맞춰 설계되고 조정된 방법들이다. 개별 장비는 재료만큼이나 중요하다는 것을 명심하자. 첫 결과물은 테스트라고 생각하는 것이 좋다. 또 양조 과정은 꼼꼼하게 기록해두자. 정확한 측정, 목표 설정, 실험, 연습, 비율 맞추기, 일관성 역시 아주 중요하다.

Equipment
장비

직접 모은 소수정예의 장비들로 훌륭한 맥주를 수년 간 만들어온 사례가 있다. 홈브루잉을 시작하기에 앞서 완벽한 풀-세트의 장비를 구비해야 한다고 생각하지는 말자.

지금 당신에게 필요한 것

핵심만 보자면 맥주 양조는 단순한 과정이지만,
좋은 결과물을 위해 시간과 돈을 투자할 가치가 있다.

장비는 맥주 양조의 최종 결과물에 아주 큰 영향, 어쩌면 레시피보다도 더 큰 영향을 미친다. 경험을 쌓아가다 보면 장비를 더 잘 이해할 수 있을 것이다. 장비가 어떻게 작동하는지, 그것으로 무엇을 할 수 있는지, 목표를 달성하기 위해 장비를 어떻게 다루면 좋을지를 알아야 한다. 양조의 각 과정을 기초부터 제대로 이해한다면 앞으로 나아갈 탄탄한 기반을 확보할 수 있다. 이번 장에서는 가정에서 고품질 크래프트 맥주를 만드는 데 필요한 최소한의 요소에 더해, 만약 당신이 진지하게 양조를 계속할 의지가 있다면 더불어 투자해봄직한 몇몇 추가 사항들을 자세히 설명한다.

홈브루잉의 역사는 곧 혁신, 발명, 실행, 적응, 타협, 전환, 독창성이라고 할 수 있다. 필요한 장비의 많은 부분은 집안에서 쉽게 찾을 수 있는 일상적인 도구로 대체 가능하다. 소수의 장비로 시작했다가 점차 도구를 늘려갈 수도 있다. 큰돈을 투자하기에 앞서 소모임에 가입하거나 아카데미 과정에 등록하는 것을 고려해볼 수도 있다. 해외의 경우, 시카고의 카오스 브루 클럽Chaos Brew Club이나 런던의 유 브루UBrew 같은 개방형 브루어리가 최고급 장비를 빌려주고 재료 구매와 지식 공유의 장으로 활약 중이다. 물론 이렇게 조직적일 필요는 없다. 몇 사람이 의기투합해 자원을 투자하고 남는 방이나 창고에 양조 시설을 설치할 수도 있다. 이러한 방식은 개별 투자비용을 절약하고 작업에 더 많은 노동력을 투입할 수 있다는 장점이 있다(또 결과물을 즐길 입도 늘어난다). 맥주는 마시는 것뿐 아니라 만들 때도 친구와 함께일 때 더욱 즐겁다.

01 온수탱크Hot liquor tank

양조를 시작하려면 상당히 정밀하게 물을 가열할 필요가 있다. 입문자용으로는 큼직한 스테인리스 용기 정도면 적당하다. 전 과정에 필요한 물의 총량을 담을 수 있을 만큼 큼지막한 것이 좋다. 당화mashing와 스파징sparge 과정에 필요한 물을 얻기 위해 두 번씩 데우는 수고를 줄여주기 때문이다. 또한 양조를 시작하기 전에 물의 화학성분을 조정하려면 더욱 큰 용기가 좋다. 양조용으로 맞춤 제작된 탱크는 정확성 측면에서 훨씬 뛰어나며 온도를 여러 단계로 변화시키는 당화를 쉽게 한다(Step Mashing). 꼭지가 달려 있어 맥즙을 따라낼 때도 더욱 안전하다. 고급사양의 모델은 부피 계량기 및 내장 온도계가 달려 있다.

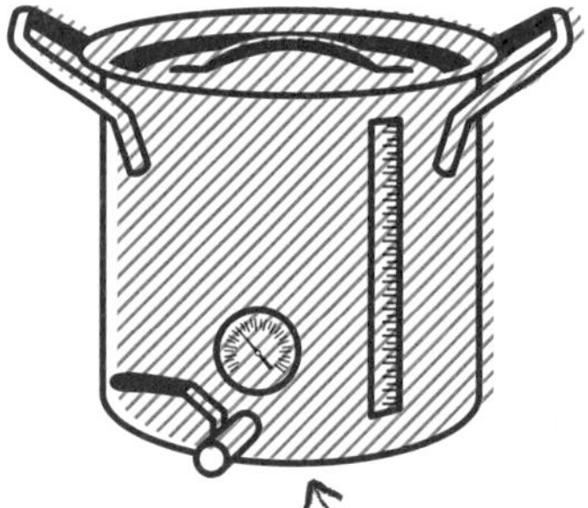

온도계, 부피계량기
및 탭은 선택사항

02 당화조 Mash tun

단열 처리된, 뚜껑 달린 플라스틱 보냉 용기에 배수 꼭지와 필터를 설치하면 저렴하고 간단하게 당화조를 제작할 수 있다. 기본적인 DIY기술과 DIY숍에서 흔히 파는 부품(인터넷에 관련 조언이 많이 있다)을 활용해 직접 만들거나 시판 제품을 살 수 있다. 플라스틱제 다음 단계는 스테인리스 스틸이다. 역시 크기가 중요하다. 당화조는 계획한 배치에 적합하도록 충분히 커야 한다. 하지만 바닥이 너무 넓으면 곡물여과층grain bed의 깊이가 부족해서 효과적으로 여과할 수 없다. 이 책에 실린 대부분의 레시피는 30리터(약 6갤런)짜리 당화조로 양조할 수 있다. 이때 당화 과정 후에 모이는 맥즙을 맥박과 분리할 수 있는 필터는 필수적이다. 필터는 다양한 형태로 존재하며, 홈브루어들은 저마다의 취향에 맞는 필터를 가지고 있다.

01. 폴스 바텀 False bottom: 스테인리스 망이 당화조 바닥에서 약간 떨어져 있으며 그 밑으로 맥즙이 흘러나올 수 있는 꼭지가 달려 있다. 맥박과 맥즙을 분리시키며, 가장 효과적인 홈브루잉 방식이다.

02. 매니폴드 Manifold: 구리 또는 플라스틱제 파이프 다발이 당화조 바닥을 덮고 있으며 수압을 이용해 작은 구멍에서 맥즙을 흘려보낸다. 여과는 잘 되나 세척은 조금 어려울 수 있다.

03. 브레이드 Braid: 스테인리스 스틸 재질의 호스가 땋은 것처럼 꼬여 있으며, 매니폴드와 비슷한 원리로 작동한다.

04. 바주카 필터 Bazooka filter: 대개 끓임조와 함께 사용하지만 당화조에 사용해도 괜찮다. 스테인리스 단일 망으로 된 튜브가 배수 꼭지에 바로 연결된다. 다만 당 추출 효율과 관련한 문제가 보고된 바 있다.

05. 망bag: 몇몇 브루어들은 곡물을 나일론 망에 채우는데, 당화 과정 이후에 이를 간단히 들어올려 빼낼 수 있다.

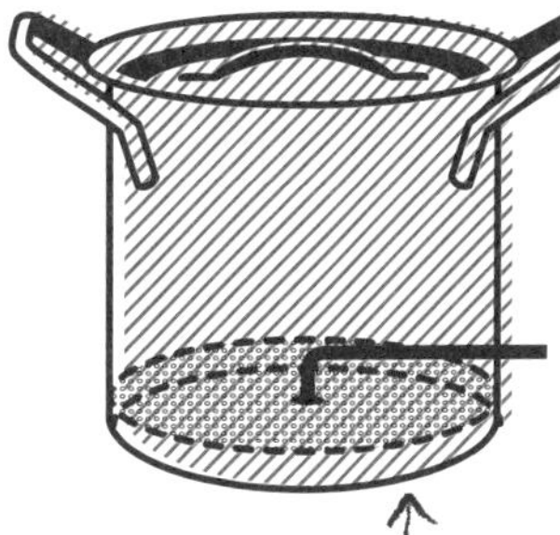

폴스 바텀과 배수
꼭지의 내부 구조

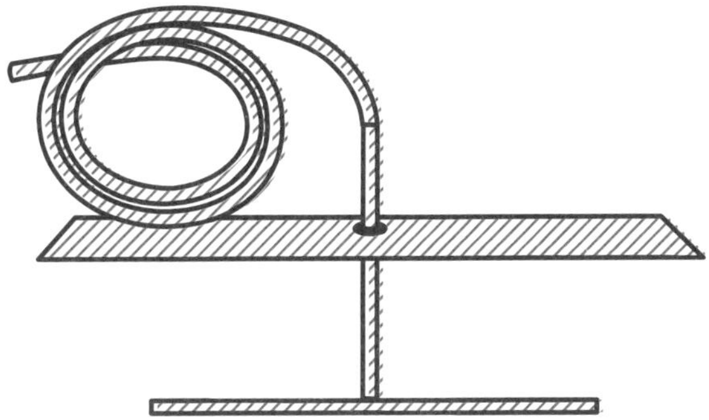

03 회전식 스파징 암 Rotating sparge arm

스파징 단계에서 매우 유용한 이 간단한 키트는 당화조 위에 설치되며 급수와 동시에 회전하기 시작한다. 곡물여과층을 흩뜨리지 않으면서 맥즙에 미세하고 균일하게 물을 분사할 수 있다. 저렴하고 간단하게 대체품을 만들 수 있는데, 곡물여과층 표면을 덮을 만큼 큰 알루미늄 호일 판에 작은 구멍을 뚫고 주전자를 이용해 그 위로 아주 천천히 물을 부으면 된다.

04 끓임조 Boil kettle

홉에서 쓴맛을 추출하려면 맥즙을 펄펄 끓여야 하는데, 가정용 가스레인지는 화력이 부족한 편이다. 따라서 별도의 내부 전기 가열기를 추가해 가열한다. 끓임조는 내용물이 끓어 넘치지 않을 만큼 대용량이어야 한다. 20리터(5갤런)를 담으려면 안전을 위해 최소 30리터(8갤런)짜리 끓임조가 필요하다. 모양도 중요하다. 직경이 너무 넓으면 증발량이 많아져 맥즙이 손실된다. 직경 대 높이의 비율은 1:2 정도가 적당하다.

05 필터 Filter

건조된 홉은 향긋하고 바삭거려 퍽 아름답다. 반면 홉이 끓는 물 속에서 풀어지면 지저분하고 질퍽해져 발효할 때는 제거해야 한다. 따라서 당화조와 마찬가지로 끓임조도 끓임이 끝난 후 홉 침전물 및 기타 재료를 맥즙으로부터 분리하는 필터가 필요하다. 폴스 바텀, 바주카 필터, 망 등을 사용할 수 있다(다만 홉 망의 경우 끓임 단계에서 홉 오일과 알파산을 적절히 추출하지 못하도록 방해한다는 의견이 있다)

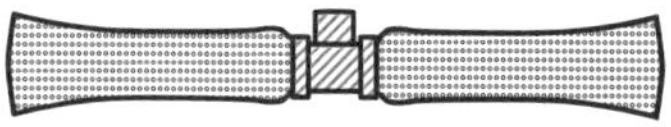

바주카 필터

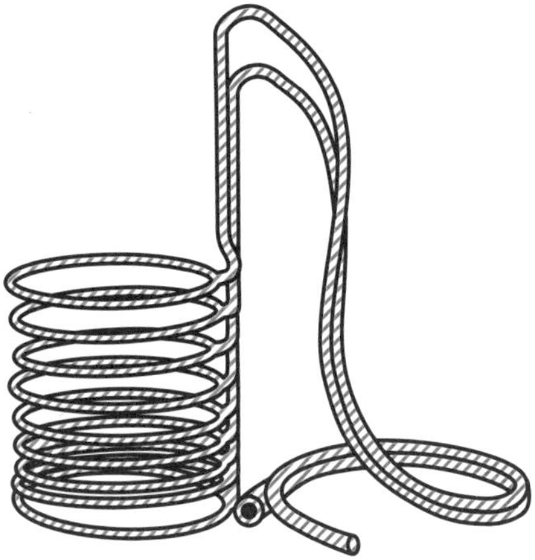

06 워트칠러 Wort chiller

끓임 단계가 끝나면 공기 노출 시간과 세균 번식 가능성을 최소화하기 위해 가능한 빨리 맥즙을 식히는 것이 중요하다 — 예외적으로 홉 스탠드hop stand나 월풀 호핑whirlpool의 경우 끓인 맥즙에 홉을 추가하고 한동안 내버려둔다. 침지식 냉각기는 코일처럼 생긴 긴 튜브 한쪽 끝에 냉수를, 다른 쪽 끝에 배수관을 연결하는 구조다. 불을 끄기 15분 전, 끓고 있는 맥즙에 넣어 함께 끓이면서 살균하고 열을 배출한다. 구리 파이프와 플라스틱 호스로 비교적 쉽게 만들 수 있다. 일반 상점에서 구입할 수 있는 플레이트 또는 역류형의 냉각기도 동일한 작업을 수행하는데, 더 빠르지만 비싸다.

07 밀폐형 발효조, 유리통 또는 금속 탱크

Airtight fermenting tub, glass jar or metal tank

좋은 발효는 좋은 맥주를 만드는 데 필수적이다. 발효조는 플라스틱, 유리(카보이 또는 데미존), 스테인리스로 만들 수 있다. 플라스틱은 가장 저렴하고 가벼우며 햇빛을 차단할 수 있지만 잘 긁힌다는 단점이 있다. 유리는 발효 과정을 볼 수 있다는 장점이 있지만 가득 채웠을 때 무겁고 깨질 위험이 있다. 스테인리스는 맥주를 햇빛으로부터 보호할 수 있으며, 말할 것도 없이 가장 비싸다.

이러한 용기가 두 개 이상 있다면 2차 발효도 가능하다(47쪽 참조). 밀폐 뚜껑과 에어락이 필요하며, 맥즙뿐만 아니라 크라우젠(신화 속 바다 괴물의 이름 같지만 발효 단계에서 형성되는 입맛 떨어지게 생긴 발효거품을 말한다)이 들어가고도 남을만큼 커야 한다. 하부에 배수 꼭지가 달려 있으면 랙킹(맥주를 옮기는) 작업이 쉬워진다.

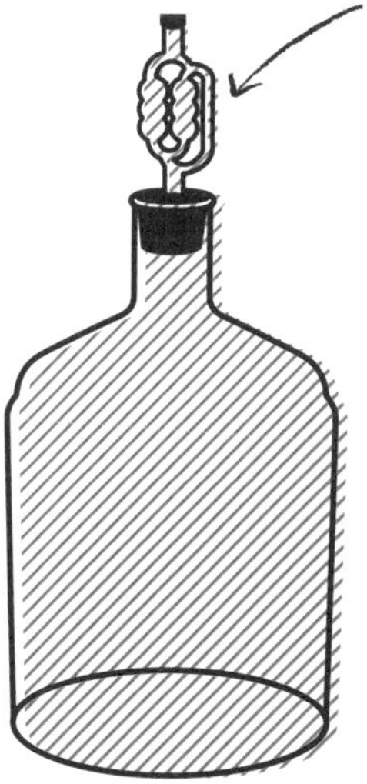

08 에어락Airlock

버블 에어락bubbler airlock에는 물을 채우는 공간이 있어 맥주에 불순물이 들어가는 것은 방지하면서 이산화탄소는 빠져나가게끔 한다. 이를 이용해 발효 과정을 눈으로 볼 수 있다. 단순한 에어락simple airlock에는 같은 작업을 수행하는 뚜껑이 달려있거나 스토퍼stopper에서부터 스타산이나 알코올이 담긴sanitised water 작은 용기까지 이어지는 분출 튜브가 달려있다.

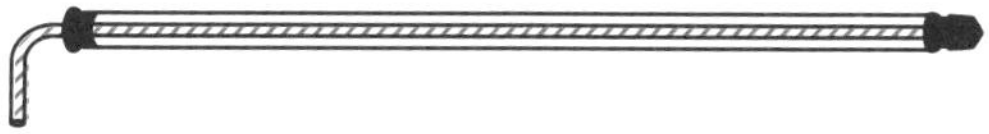

09 랙킹 케인Racking cane

맥주 양조 과정에는 액체의 이동이 수차례 일어난다. 랙킹 케인은 사이펀 튜브에 연결되며, 바닥에 침전물 트랩이 설치되어 있어 액체를 발효조에서 술통이나 병에 옮길 때 원치 않는 고형물을 걸러낼 수 있다. 발효조 바닥에 배수 꼭지가 없다면 랙킹 케인이 반드시 필요하다. 플라스틱제보다 스테인리스가 더 전문적이며 그만큼 더 비싸다.

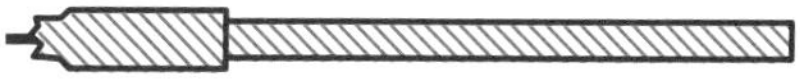

10 병입기Bottle filler

수도꼭지와 튜브의 단순한 조합이 양조의 마지막 단계를 보다 즐겁게 만든다. 스테인리스 사이펀 병입기를 사용하면 한 번에 여러 병을 채울 수 있다.

11 보틀 캐퍼, 병, 병뚜껑

Bottle capper, bottles and caps

만든 맥주를 마시기 전에 어딘가에 저장해야 한다. 일반적인 선택지는 병에 넣는 것이다. 병뚜껑(그롤슈식 스윙탑)과 보틀 캐퍼가 필요하다. 맥주에 '빛이 들지 않도록' 갈색 병을 추천한다. 빛에 의해 맥주 속의 알파산α-acid이 분해되면서 불쾌한 냄새가 난다.

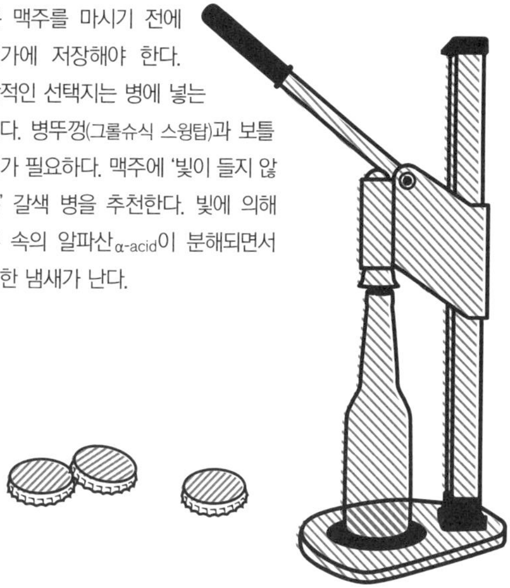

냉장고에는 온도 조절 장치가 장착될 수 있다.

12 보온기 및 냉장고

Heater and/or brew fridge

최적의 발효는 특정 온도(에일의 경우 18~20도, 라거의 경우 더 낮은 온도)에서 발생한다. 발효 기간 동안 이를 유지해줘야 한다. 온도가 너무 높으면 효모가 과발효를 일으키고 너무 낮으면 제 활동을 하지 못한다. 환경 조건에 따라 적정 온도를 맞추기 위해 맥즙을 보온하거나 식혀야 한다. 보온은 별 문제가 되지 않는다. 추운 곳에서 발효를 시킨다면 보온 패드로 감싸주면 된다. 보냉은 더 까다로운데, 특히 라거링lagering을 시킬 때 더욱 그렇다. 라거링은 집에서 실행하기에 고난도의 기술이지만, 여름날 시원하고 깔끔한 필스너 한 잔보다 더 맛좋은 것도 없다. 어떤 사람들은 온도 조절 장치가 달린 냉장고를 사용한다. 더 간단한 선택지는 발효조를 필요에 따라 얼음을 넣을 수 있는 물통에 통째로 집어넣는 것이다. 바다가 그렇듯, 물의 부피가 커질수록 주변의 온도 변화에 덜 민감해진다. 어떤 방식을 선택하든 온도를 자주 확인하자.

13 긴 스푼 Long spoon

교반 시 가장 좋은 것은 스테인리스 스푼이다.

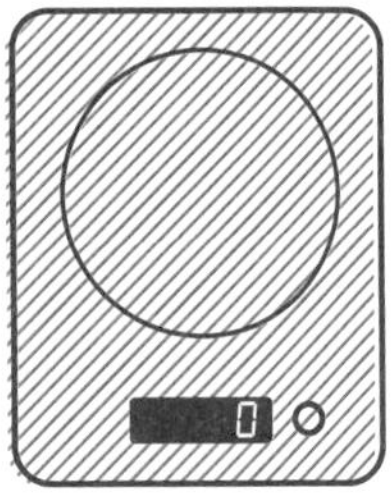

14 디지털 저울 Digital scales

홈브루잉에 있어 정확한 계량은 정말로 중요하다. 미래는 디지털에 있다.

15 온도계 Thermometer

어떤 모델은 용기의 측면에 고정시킬 수 있고, 어떤 것은 액체에 띄울 수 있다. 디지털 온도계도 있고 수은식도 있다. 온도계가 정확할수록 더 레시피에 맞게 양조 과정을 제어할 수 있다. 온도는 대단히 중요하다.

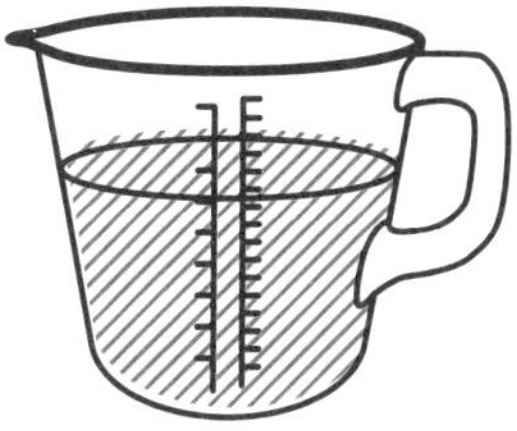

16 계량컵 Measuring jug

맥즙의 재순환, 시음, 덜어내기에 필수적이다.

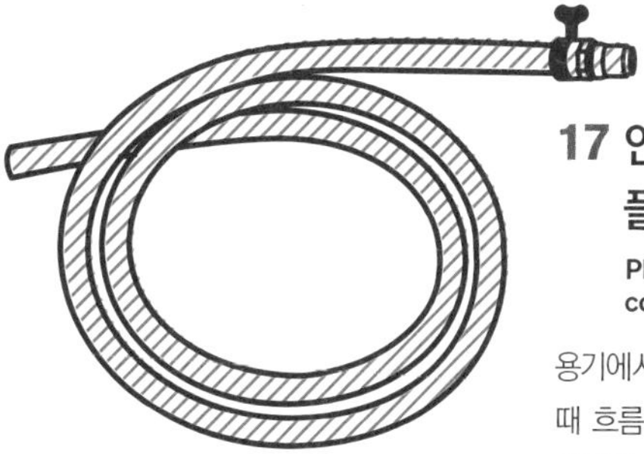

17 연결관이 달린 플라스틱 호스

Plastic hoses with connections

용기에서 용기로 액체를 옮길 때 흐름을 매끄럽고 안전하게 하려면 필요하다.

18 pH시험지 또는 디지털 검사기

pH papers / digital tester

물의 산도는 맥주에 영향을 줄 수 있다. 과학 시간에 보았던 pH시험지는 값싸지만 읽기 힘들다. 디지털 검사기는 훨씬 더 정확하며, 가격도 그렇게까지 비싸지는 않다. 어느 쪽도 처음 시작하는 홈브루어에게 필수적인 도구는 아니지만 양조 수준을 한 단계 끌어올리려면 물의 화학적 구성을 고려하는 것이 좋다.

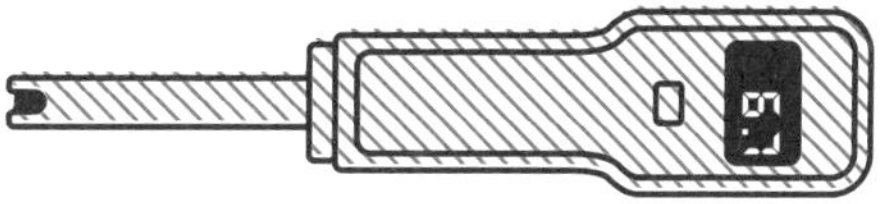

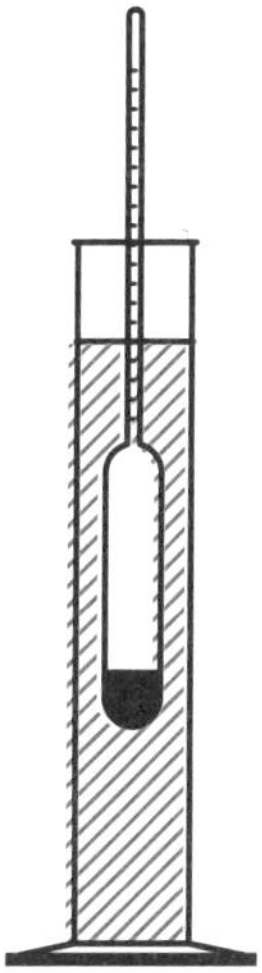

19 비중계 또는 굴절계

Hydrometer / refractometer

둘 중 하나만 있어도 충분하다. 이 도구들은 각 단계에서 맥주의 비중(밀도)을 측정하며, 수치는 알코올 함량과 효율을 계산하는 데 도움이 된다. 20도의 순수한 물은 비중이 1이다. 맥즙의 비중은 그 속에 녹아든 당분 때문에 1보다 높다. 맥즙의 당은 양조 과정에서 알코올과 이산화탄소로 전환되므로 밀도가 떨어지게 된다. 비중계(왼쪽)는 단순한 도구다. 유리 온도계와 비슷한 관형 눈금계이며, 시험용 용기에 덜어낸 맥주 샘플 위에 뜬다. 굴절계는 분광기 위에 떨어뜨린 액체 몇 방울로부터 계산된 값을 제공한다.

비중계(당도계라고도 하며, 당 함유량을 측정하므로 어쩌면 이 편이 더 적절한 명칭이다)를 사용하려면 먼저 (소독한) 시험관을 이용해 맥즙 샘플을 채취한다(아니면 온도 변환 그래프를 사용한다). 그리고 20℃의 온도에 맞춘다. 온도는 밀도에 영향을 준다. 맥즙에 천천히 비중계를 떨어뜨리고 혹시 있을지 모를 공기방울을 제거하기 위해 살짝 돌려준다. 비중계의 움직임이 멈추면 맥주 표면에 시선을 맞추고 측정값을 읽는다.

전문가처럼 맥주 만들기

맥주를 더 잘 만들 수 있는 고급 장비

01 홉백Hopback

진지하게 홉에 흥미를 갖고 있다면, 그래서 맥주에 홉의 향긋한 아로마를 더욱 첨가하고 싶다면 홉백을 장만하는 편이 좋다. 끓임조와 발효조 사이에 배치할 수 있는 밀폐 용기인 홉백은 홀홉Whole hop 또는 펠렛 홉으로 채워져 있어 맥주에 향을 듬뿍 입힐 수 있고, 증발과정에서 홉 오일을 손상시키지 않는다. 어렵지 않게 만들 수 있다.

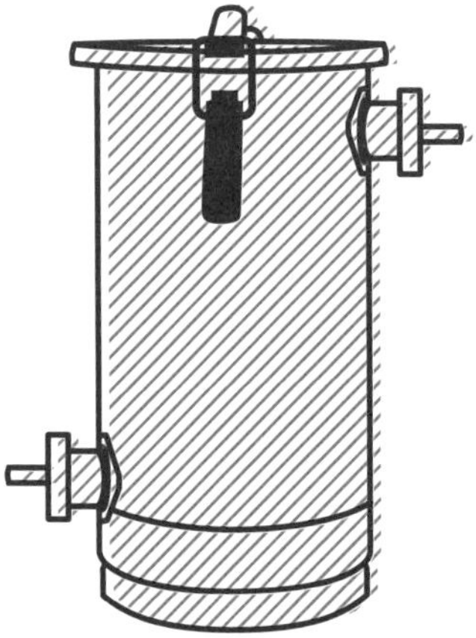

02 나무 배럴Wooden barrels

배럴 숙성 맥주를 마셔본 적 있는가? 브루어들이 새롭고 흥미로운 양조법을 추구하면서 나무통에 에일을 담아 숙성시키는 방식이 인기를 끌고 있다. 와인, 위스키, 셰리, 버번, 심지어는 데킬라에 사용했던 배럴을 사용하기도 한다. 다양한 장비를 들여놓을 공간이 된다면 작은 배럴 하나쯤은 구비해놓는 것도 좋을 것이다. 여러 크기의 배럴이 판매되고 있으며, 각종 스타일의 맥주에 몇 번 정도는 재사용할 수 있다. 2차 발효에서는 우드칩들이 대체품으로 사용되기도 한다.

일반적으로 가볍고 산뜻한 맛의 맥주보다 알코올 도수가 높고 흑맥주 계열이 배럴 숙성에 적합하다. 하지만 당신이 원한다면, 위트비어를 포트와인 배럴에 숙성시키지 못할 이유는 없다.

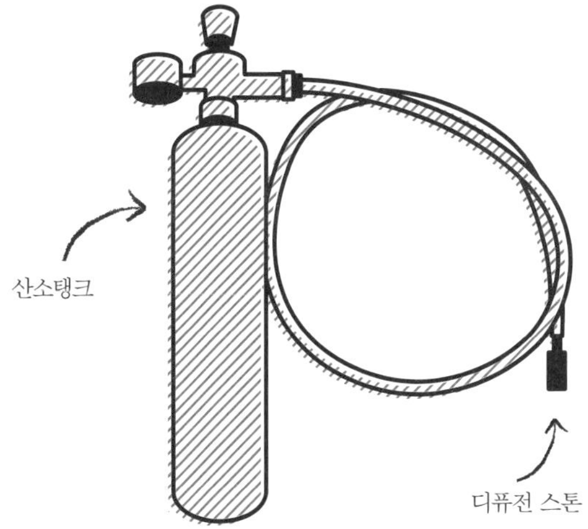

03 에어레이터Aerator

양조의 후반 단계에서 산소와 맥주는 그리 친밀하지 않다. 다만 끓임조에서 발효조로 맥주를 옮기는 랙킹을 할 때만은 예외인데, 효모가 산소를 필요로 해서다. 맥즙을 뒤섞고 젓고 흔들어서 해결할 수 있지만, 세라믹 재질 또는 스테인리스 재질로 되어 산소를 혼합할 수 있는 디퓨전 스톤(스톤 표면에서 산소가 올라와 맥즙에 혼합시키는 장치)이 달린 탱크를 활용하면 더 효율적으로 처리할 수 있다. 수족관용 에어레이터에 전기 펌프를 연결하면 저렴하게 대체품을 만들 수 있다. 물론 수조에 사용했던 것은 안 되지만 말이다.

---

04 케그, 탭, 이산화탄소Kegs, taps, CO_2

탭이 달린 케그(맥주를 저장하는 작은 통) 하나면 집안을 합법적인 한도 내에서 가장 술집답게 만들 수 있다. 다트판만 추가한다면 이웃들에게 술값을 받을 수 있을지도 모른다! 케그의 장점은 다음과 같다: 맥주를 신선한 상태로 유지할 수 있고, 유리병 한 박스보다 용량이 크며, 세척 소독이 용이하고, 이산화탄소 주입을 할 수 있다(효모가 탄산을 생성하길 기다리는 대신 케그를 활용해 빠르게 맥주에 이산화탄소를 주입하는 방식으로, 많은 크래프트 브루어리에서 차용하고 있다). 키 케그Keykegs는 술통 안에 플라스틱 봉투가 부착된 조합으로, 자전거펌프와 비슷한 핸드펌프를 사용해 술통을 채우고 또 비울 수 있다.

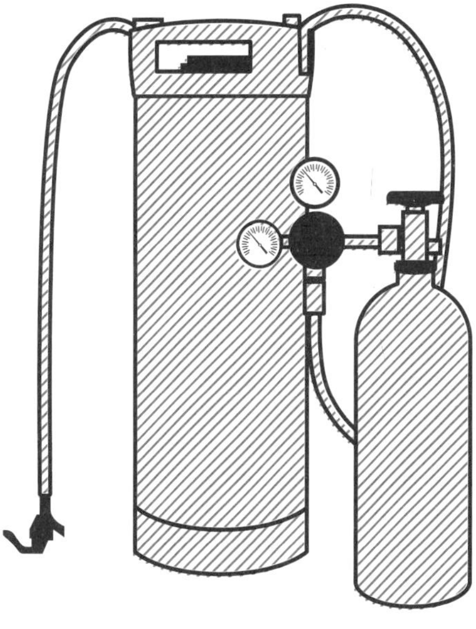

Ingredients
재료

맥주를 만드는 데 많은 장비가 필요하지 않듯, 재료 역시 핵심 네 가지 요소, 즉 물, 맥아, 홉, 효모만 있어도 충분하다. 이 거룩한 사위일체에서 기적이 일어난다. 각각의 요소는 다양하게 변형될 수 있지만 기본적으로 이 네 가지 재료가 대다수 맥주의 기초가 된다.

01 물 water

당연한 소리일지도 모르지만, 그 흔한 물조차 맥주 양조를 시작하기 전에 심사숙고가 필요하다. 맥주의 가장 큰 부분을 차지하는 것이 바로 물인데, 전통적으로 특정 지역에서 생산되는 맥주는 그 지역의 식수에 속한 미네랄 함량과 산도(pH)에 따라 결정되었다(예를 들어, 런던에서는 물의 높은 탄산염 함량 탓에 스타우트와 포터가 지배적이었고, 독일 일부 지역의 연수는 라거를 생산하는 데 최적의 조건이다). 물의 pH나 경도를 조절하기 위해 양조 시 물에 첨가할 수 있는 용액이나 알약이 시판되고 있으며, 여러 화학 물질 및 미네랄이 재료에 미치는 영향을 완전히 이해하려면 화학박사 학위가 필요하다고 느낄 정도다. 살고 있는 지역의 물이 화학 구성면에서 극단적인 특이점이 있거나 특정 맥주 종류를 완벽하게 재현하려는 경우가 아니라면 처음 양조를 시도할 때는 수돗물로도 충분하다. 특별히 과학자적인 마인드를 가졌다면 상수도 회사에 요청해 수돗물에 존재하는 혼합물에 대한 보고서를 받아볼 수 있을 테고, 이를 이용해 양조수의 수질 화학을 조정할 수 있다.

02 맥아malt

가장 먼저 양조용수에 첨가하는 것은 맥아와 기타곡물들이다. 통칭해서 그리스트grist라고 한다. 맥아는 발아된 곡물을 의미하는 포괄적인 단어이다. 곡물에 물을 부어 싹을 틔우고 더운 공기로 건조시켜 발아를 중지한 것을 맥아로 본다. 건조 단계는 다양한 온도로 진행된다(심지어 태울 수도 있다). 곡물을 발아시킴으로써 전분을 양조 과정에서 당으로 변환할 수 있다.

거의 모든 곡류는 맥아로 만들어 맥주로 제조할 수 있다. 기장, 메밀, 심지어 스펠트밀도 가능하다. 그러나 가장 흔히 쓰이는 것은 보리, 밀, 귀리, 호밀이다. 스티핑 후, 즉 곡물을 수분에 불려 싹을 틔운 후, 어떤 온도에서 건조시키느냐에 따라 다양한 특성이 부여된다. 이를테면 페일 몰트pale malt는 다양한 맥주에 베이스로 사용되며 별다른 색을 내지 않는다. 초콜릿 몰트chocolate malt는 깊고 씁쓸한 풍미를 내고 진한 색을 입힌다. 로스티드 발리roasted barley는 엄밀히 말해 맥아는 아니지만 스타우트나 포터를 만들 때 맥아와 같은 방식으로 쓰인다.

세 종류의 척도를 기준으로 맥아를 색에 따라 분류할 수 있다. 먼저 가장 밝은 10L에서 300L 이상의 검은 맥아까지 분류할 수 있는 로비본드Lovibond, 새로운 유럽 기준인 ERMEuropean Reference Method, 마지막으로 유럽 표준인 EBCEuropean Brewery Convention가 있다.

곡물을 사용하기 전에 먼저 갈아야 한다. 홈브루어들은 소형 그라인더를 이용해 이 작업을 직접 한다. 발아 과정에서 생성된 효소는 길고 복잡한 전분구조를 효모가 소화할 수 있는 작고 짧은 분자로 분해한다. 낮은 온도에서의 당화는 베타아밀라아제를 생성해 알코올도수가 높고 바디감은 떨어지는 맥주를 만든다. 당화 온도가 높으면 알파아밀라아제가 많이 생성되어 알코올도수는 덜하고 바디는 강한 맥주가 만들어진다. 일반적으로는 둘 사이의 균형을 맞추는 것이 중요하다.

03 홉Hops

맥아와 찰떡궁합을 이루는 홉은 맥주의 향미를 만드는 중요한 요소이다. 브루어들은 보통 건조홉을 사용한다. 또한 홉은 향균성을 가진다(현대적인 위생 처리가 자리 잡기 전에는 홉의 살균 작용이 아주 유용했다). 또한 홉은 품종에 따라 오묘하고 풍성한 꽃향기 또는 완전한 열대과일의 느낌까지 다양한 향미를 입힐 수 있다. 재료를 끓일 때 초반에 첨가되는 홉은 쓴맛을 내는 데 동원되고, 중후반에 추가되는 홉late hopping은 강렬한 풍미를 제공하며, 마지막에 첨가되는 홉은 향을 더한다. 온 방을 신선한 과일향기와 정원을 가득 메운 꽃향기로 채우는 아메리칸 IPA 같은 경우 후반 단계에서 많은 홉이 추가되었으리라 짐작할 수 있다. 쓴맛내기에 최적화된 홉이 있는가하면 아로마 형성에 특화된 홉이 있고, 둘 다를 잘 해내는 듀얼 홉Dual purpose도 있다. 시판되는 홉 포장지에는 '알파산α-acid'이라는 말이 적혀 있다. 이 수치는 작황과 연도에 따라 달라질 수 있으며 브루어들은 맥주의 일관성을 추구하기 위해 이를 고려해야 한다. 이 수치는 홉이 맥주에 어느 정도 쓴맛을 추가할지를 어림짐작할 수 있게 해준다. 예를 들어 미국의 치누크Chinook는 12% 정도로 알파산(AA)이 높은 편이지만 뉴질랜드산 와이이티Wai-Iti는 4%의 낮은 알파산을 가지면서도 여름날 레몬 과수원 같은 향이 난다. 이 책에 실린 레시피 중에는 브루어가 권장하는 알파산을 명시한 경우도 있다. 정확성을 추구한다면 알파산 역시 고려하는 것이 좋다.

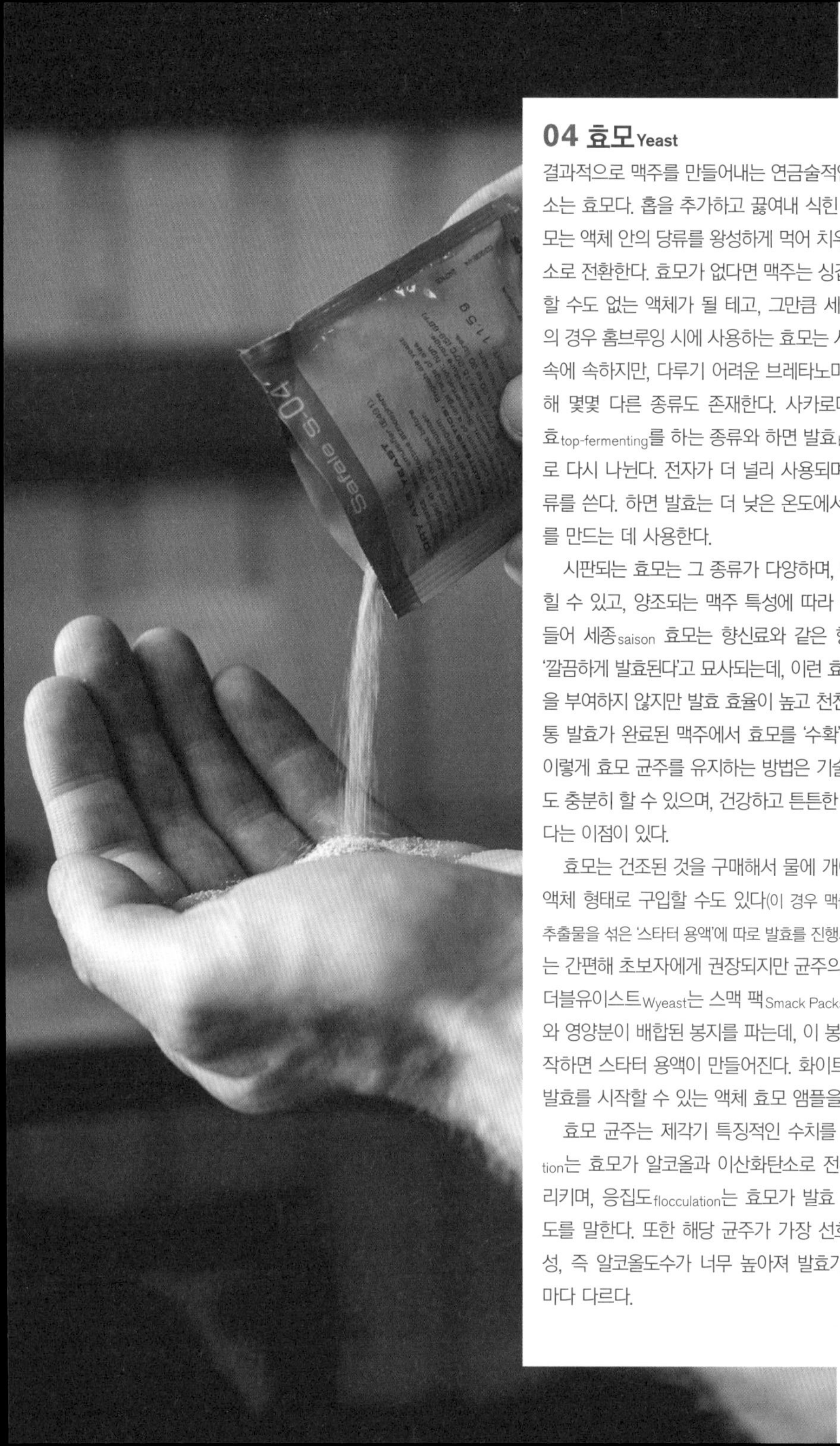

04 효모 Yeast

결과적으로 맥주를 만들어내는 연금술적인 연쇄 반응의 최종 구성 요소는 효모다. 홉을 추가하고 끓여내 식힌 맥즙에 효모를 추가하면 효모는 액체 안의 당류를 왕성하게 먹어 치우며 당을 알코올과 이산화탄소로 전환한다. 효모가 없다면 맥주는 싱겁고 밍밍하며 우리를 취하게 할 수도 없는 액체가 될 테고, 그만큼 세상은 슬퍼질 것이다. 대부분의 경우 홈브루잉 시에 사용하는 효모는 사카로마이세스Saccharomyces 속에 속하지만, 다루기 어려운 브레타노마이세스Brettanomyces를 포함해 몇몇 다른 종류도 존재한다. 사카로마이세스속 효모는 상면 발효top-fermenting를 하는 종류와 하면 발효bottom-fermenting를 하는 종류로 다시 나뉜다. 전자가 더 널리 사용되며 에일의 경우 대체로 이 종류를 쓴다. 하면 발효는 더 낮은 온도에서 이루어지며 라거나 필스너를 만드는 데 사용한다.

시판되는 효모는 그 종류가 다양하며, 맥주에 각각 고유의 향을 입힐 수 있고, 양조되는 맥주 특성에 따라 각기 다르게 반응한다. 예를 들어 세종saison 효모는 향신료와 같은 향미를 첨가한다. 일부 종은 '깔끔하게 발효된다'고 묘사되는데, 이런 효모는 맥주에 이렇다 할 개성을 부여하지 않지만 발효 효율이 높고 천천히 발효된다. 브루어리는 보통 발효가 완료된 맥주에서 효모를 '수확'하여 다시 사용하고는 한다. 이렇게 효모 균주를 유지하는 방법은 기술을 요하기는 하지만 집에서도 충분히 할 수 있으며, 건강하고 튼튼한 효모를 꾸준히 확보할 수 있다는 이점이 있다.

효모는 건조된 것을 구매해서 물에 개어 맥즙에 첨가할 수도 있고 액체 형태로 구입할 수도 있다(이 경우 맥즙에 더하기 전에 물과 건조맥아 추출물을 섞은 '스타터 용액'에 따로 발효를 진행시켜야 할 수도 있다). 건조효모는 간편해 초보자에게 권장되지만 균주의 다양성이 제한되는 편이다. 더블유이스트Wyeast는 스맥 팩Smack Packs이라는 이름으로 액체 효모와 영양분이 배합된 봉지를 파는데, 이 봉지를 손으로 때려 발효를 시작하면 스타터 용액이 만들어진다. 화이트랩White Labs 역시 흔들어서 발효를 시작할 수 있는 액체 효모 앰플을 판매하고 있다.

효모 균주는 제각기 특징적인 수치를 가지고 있다. 발효도attenuation는 효모가 알코올과 이산화탄소로 전환할 수 있는 당의 양을 가리키며, 응집도flocculation는 효모가 발효 후반 응집해 덩어리지는 정도를 말한다. 또한 해당 균주가 가장 선호하는 발효온도나 알코올내성, 즉 알코올도수가 너무 높아져 발효가 중단되는 시점 역시 균주마다 다르다.

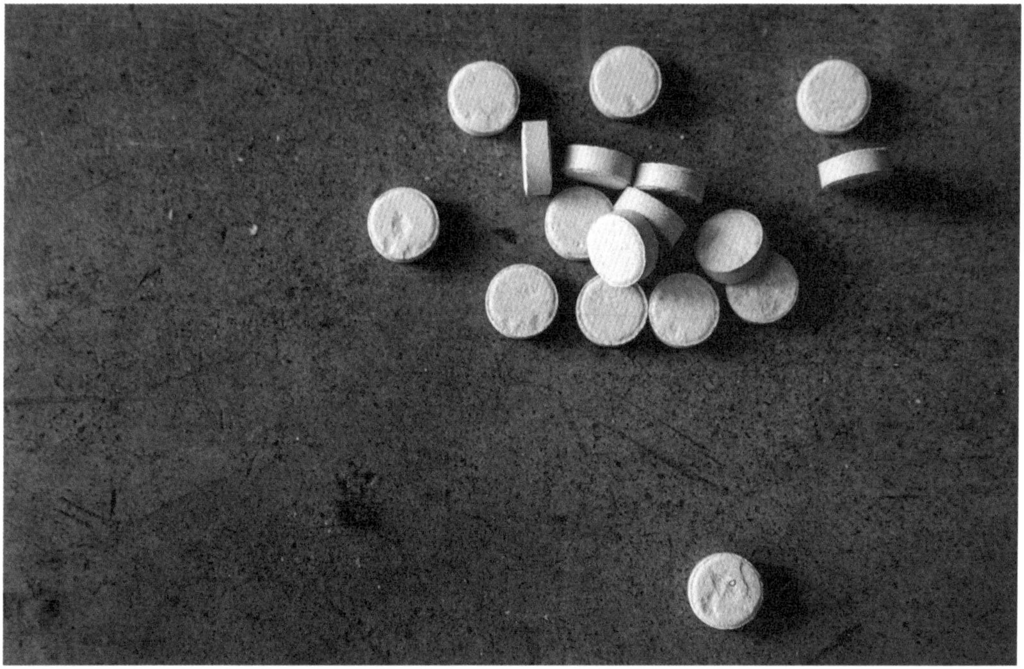

05 기타 재료

'부가물adjunct'이란 당류 생성에 기여하지는 않지만 거품을 오래 유지하거나 식감을 좋게 하는 등의 효과를 위해 당화 과정에서 첨가되는, 발아시키지 않은 곡물(옥수수, 귀리, 쌀 등)을 가리킨다. 이 용어는 또한 옥수수 설탕이나 벨지안 맥주 캔디슈거 등 발효를 활성화하거나 알코올 함량을 높이기 위해 양조의 여러 단계에서 첨가되는 설탕을 의미하기도 한다.

병이나 케그에 옮겨 담기 직전에 설탕을 넣기도 한다. 이것은 완성된 맥주에 탄산을 생성하는 데 도움이 된다. 라거, 앰버, 위트 등의 가볍고 상쾌한 맥주는 포터나 비터 같은 묵직하고 든든한 맥주에 비해 더 많은 설탕을 필요로 한다.

아주 광범위한 재료들이 맥주의 동반자가 될 수 있다. 에스프레소 스타우트, 라즈베리 위트비어, 레몬그라스 세종, 시트러스 IPA, 솔티드 포터 등은 논쟁의 여지가 없는 조합이다. 그러나 로그Rogue의 베이컨과 메이플 시럽을 첨가한 부두 도넛Voodoo Doughnut 맥주는 어떨까? 옥수수와 고수, 라임의 향연인 투 버즈Two Birds의 타코 비어Taco Beer는? 인디애나의 선킹Sun King에서 선보인 팝콘 필스너Popcorn Pilsner는 또 어떠한가? 마셔서 해가 될 것이 없다면 그 이상의 규칙은 존재하지 않는다. 홈브루잉은 당신이 찬장을 탈탈 털어 창의력을 발휘할 수 있는 기회를 제공할 것이다.

마지막으로 몇몇 레시피는 청징제clarifying agent의 사용을 요구한다. 브루어의 스타일에 따라 시각적, 미각적으로 투명한 맥주를 선호하는데, 맥주를 뿌옇게 만드는 요소는 세 가지로 압축될 수 있다. 첫 번째는 단백질(발아 또는 발아되지 않은 어두운 곡물에서 나오는)이요, 두 번째가 타닌(당화 과정 중 나오는 곡물 부산물)이다. 마지막은 맥주에 존재하는 효모이다. 전통적으로 사용되는 청징제로는 끓임 과정에서 투입되는 아이리시 모스(Irish moss, 사실은 해조류의 일종)이다. 아이리시 모스는 고형물의 응집과 침전을 유도한다. 시판되는 아이리시 모스 브랜드로는 프로토플록Protofloc과 월플록Whirfloc이 있다.

Brewing your own beer

나만의 맥주 만들기

양조는 평생의 여정이다. 그래도 핵심 기술을 충분히 연마한다면 훌륭한 맥주를 만들 수 있는 기초를 다질 수 있다.

살균 소독

청결은 신에 대한 마음에 다음 가는 덕목이라는 옛말이 있다. 맥주 양조에 있어 맛(과 안전)은 최우선이고, 청결은 이에 버금가는 아주 중요한 요소다. 살균 소독의 중요성은 아무리 강조해도 모자라다. 박테리아가 침투하면 양조한 맥주를 전부 버리게 될 수도 있다. 따뜻한 맥즙은 빠르게 번식하는 세포들의 놀이터이며 감염된 맥주는 무조건 버려야 한다. 끓임 단계 이후 사용하는 모든 도구의 모든 부품은 사용하기 전에 완전히 멸균되어야 한다. 이러한 습관에 일찍 익숙해질수록 이후에 손수 만든 맥주를 버리는 등의 가슴 아픈 일은 줄어들 것이다. 맥즙과 직접 닿는 모든 것과 그 물건에 직접 닿는 모든 것을 소독한다고 생각하라. 병 역시 철저히 세척하고 소독해야 한다. 병 세척용으로 특수 제작된 브러시를 사용하자.

준비

대부분의 홈브루어들은 양조 단계 사이에 맥즙을 다른 용기로 옮길 때 중력을 이용한다. 공간이 허락한다면 단차를 이용해 이 작업을 더 용이하게 할 수 있다. 그렇지 않다면 무거운 용기를 들어 올리고 기울일 수 있는 근력을 기르는 수밖에. 전기식 인라인 펌프를 하나 장만하면 이 수고를 덜어준다.

발효 시 더블유이스트의 스맥 팩을 사용하는 경우 최소 세 시간 전에 봉지를 활성화해야 한다. 화이트랩 앰플의 경우 상온 보관 후 사용 15분 전에만 활성화하면 된다. 전통적인 효모 스타터 용액은 약 12~18시간 전에 미리 준비해야 한다. 곡물은 되도록 담금 시작 직전에 분쇄한다.

양조 시간은 약 4~5시간으로 잡되 처음 몇 번은 더욱 길게 잡는다. 양조는 서둘러서 되는 게 아니다. 출근을 하거나 잠을 자거나 술집을 가는 몇 시간 동안 일시정지 할 수 있는 작업도 아니다. 직접 만든 멋진 맥주를 시음할 생각에 너무 흥분하지는 말자. 발효와 숙성 기간을 고려하면, 곡물 원료를 맥주잔 속의 음료로 바꾸는 데는 약 4~5주가 소요된다. 물론 기다리는 보람은 있다!

Step 1 **당화**

분쇄한 곡물을 뜨거운 물에 담가 발효 가능한 당을 추출하는 작업

01. 온수탱크에 레시피에 적힌 온도보다 10도 정도 높게 양조용수를 가열한다. 가열 방식에 따라 한 시간까지 걸릴 수 있으므로 가열하는 동안 다른 재료를 준비, 계량, 배치하는 작업을 한다. 이렇게 가열한 후 다시 당화온도(레시피에 따라 달라지지만 보통 65~68℃ 사이)로 맞추기 위해 당화조 안에서 조금 식혀준다.

02. 데운 양조용수(부피 계산은 53쪽 참조)를 당화조에 붓고 분쇄 곡물을 조심스레 넣는다. 이 작업은 몇 번에 걸쳐 진행할 수 있으며 온도가 지나치게 높거나 낮지 않도록 자주 온도를 확인한다. 식힐 때는 뚜껑을 열고 찬물을 더하고, 데워야 할 때는 더운 물을 붓는다.

03. 양조용수와 곡물이 고르게 섞이도록 부드럽게 저어주며 덩어리진 부분을 제거한다. 너무 열심히 저으면 온도를 과하게 떨어뜨려 매쉬가 굳을 수 있다. 이렇게 되면 당화조에 눅눅한 빵 반죽 같은 것이 생겨 맥즙을 따라내기 무척 어려워진다.

04. 당화조 뚜껑을 덮는다. 한 온도에서 당화할 경우 1시간 정도 방치하며, 더 길어져도 상관없다. 이 책에 실린 몇몇 레시피에서 요구하는 것처럼, 여러 온도로 당화할 경우 각 단계에서 온도를 높여 맥아에 있는 당을 충분히 이끌어낼 수 있도록 하는 것이 중요하다. 휴지기마다 효소가 형성되어 더 효율적인 당화로 이어진다. 다만 요즘 나오는 맥아는 여러 단계의 온도를 거치지 않아도 당화효율이 높아지도록 '개량'된 편이다. 온도 조절이 가능한 당화조가 있다면 이 방식이 더욱 수월해진다. 그렇지 않다면 처음부터 곡물 함량이 높은 매쉬로 시작해 이따금 온수를 더하는 식으로 목표 온도에 맞춰주어야 한다. 이 방식은 당연히 더 까다로우며 일관성 있는 결과를 내기 어렵다. 많은 홈브루어들은 이런 수고가 불필요하다고 생각하지만, 이와 달리 반드시 필요하다고 고집하는 사람도 있다. 어떤 것이 본인과 잘 맞는지 알아보고 싶다면 시도해도 좋다.

05. 이 단계에서 요오드 검사를 하는 브루어도 있다. 곡물 건더기가 없는 맥즙을 소량 덜어 일반적으로 구할 수 있는 요오드를 몇 방울 떨어뜨린다. 샘플이 검게 변한다면 아직 발효되지 않은 전분이 남아있는 것이다(과학시간에 했던 실험을 떠올려보라). 색이 변함이 없거나 약간 붉게 변하는 정도라면 당화 과정이 효과적으로 완료되었다고 할 수 있다.

Step 2 여과

매쉬(mash)에서 발효성 당을 추출해내고 끓임 단계 이전에 필요한 맥즙(wort)의 부피를 맞추는 단계

01. 당화온도를 77℃로 높이는 것을 매쉬아웃mashout이라고 부른다. 이 작업은 외부 열원으로 가열하거나 뜨거운 물(93℃)을 첨가하는 식으로 이루어지며, 맥즙의 흐름을 좋게 하고, 효소를 불활성화 시키는 데 목적이 있다. 이 작업을 하는 홈브루어도 있지만 건너뛰는 사람도 있으며, 이 과정을 생략한다고 해서 큰일이 나는 것은 아니다. 밀 함량이 높거나 곱게 간 호밀이 첨가되어 있는 등 매쉬가 끈끈하고 되직하다면 매쉬아웃을 해주는 편이 좋다.

02. 여과는 리서큘레이션recirculation과 스파징sparging의 두 단계로 이루어진다. 먼저 곡물 여과층을 안정화 시키는 리서큘레이션 단계에서는 곡물층 윗부분에 맞는 호일 조각을 잘라 구멍을 몇 개 뚫는다. 당화조 꼭지에서 맥즙을 1~2파인트 따라내어 호일 조각 위에 천천히 다시 뿌려준다. 이 작업을 포어라우프volanf, 즉 재순환이라고도 한다. 재순환 과정은 두세 번 반복해 꼭지에서 흘러나오는 맥즙에 곡물 겉껍질이나 큼지막한 건더기가 없도록 걸러준다. 액체가 맑을수록 더욱 좋다.

03. 스파징sparging은 배치batch와 플라이fly의 두 가지 방식 중 하나를 선택하면 된다. 배치는 전문 장비가 비교적 덜 필요하지만 때때로 효율성이 떨어진다. 온수탱크의 수온은 74~77℃ 사이여야 하며, 적절한 온수량이 확보되어야 한다(53쪽 참조). 스파징은 당화 과정에서 형성된 발효성 당류를 맥박에서 헹궈내어 풍부하고 맛좋은 맥즙을 만드는 작업이다. 이 과정을 통해 끓임 단계 전에 필요한 맥즙의 양을 확보할 수 있다.

04. 매쉬가 굳었다stuck mash는 것은 곡물층이 너무 되서 맥즙이 제대로 여과되지 못할 때 쓰는 말로, 배치나 플라이 양쪽에서 일어날 수 있다. 당화조 꼭지가 열려 있고 안에 액체가 들어있음에도 불구하고 맥즙이 흘러나오지 않으면 매쉬가 굳었다고 보면 된다. 이를 해결하려면 당화조 꼭지를 잠그고 내용물을 전체적으로 저어준다. 이후 2단계에서 했듯 재순환 과정을 몇 번 반복하여 곡물 여과층을 다시 안정화 시켜보자. 이래도 효과가 없다면 조금 더 힘있게 젓거나 내용물을 재가열하여 맥즙을 더 묽게 하도록 시도해보아야 한다.

05. 맥즙을 끓임조에 옮겨 끓이기 전에 20℃에서 비중을 재어 주는 것도 좋다. 이때 측정값이 끓임 단계 전 비중이다.

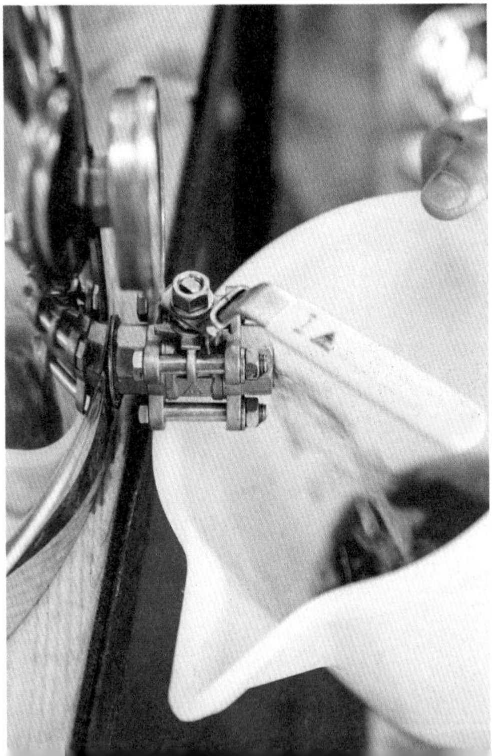

배치 스파징batch sparging

당화조 꼭지를 잠근 상태에서 계량컵을 이용하여 온수탱크의 물 몇 파인트를 곡물층을 덮은 알루미늄 호일 위쪽으로 천천히 부어준다. 스파징 부피sparge volume의 절반 정도가 되도록 물을 붓는다. 당화조 꼭지를 열어 맥즙을 모두 용기에 따라내고 조심해서 끓임조로 옮긴다(이때 튀지 않도록 한다). 옮겨 부은 맥즙이 끓임조 밑바닥을 전부 덮으면 불을 켜고 끓임 작업을 시작할 수 있다. 이렇게 하면 시간이 절약된다. 곡물을 고르게 저어준 다음 온수탱크에서 가져온 물을 천천히 붓는 이전 과정을 반복하여 모두 확보한다. 곡물을 다시 저어주고 위 과정처럼 재순환을 한번 더 반복한다. 끓임 단계 전, 끓임조에 액체량의 목표치가 모일 때까지 당화조의 맥즙을 따라낸다. 이 단계에서 맥즙은 꽤 투명해야 한다.

플라이 스파징fly sparging

당화조 위에 스파징 암을 설치한다. 흡입 호스를 온수탱크에 연결하고 당화조 하단의 꼭지에도 호스를 연결한다. 호스의 반대편 끝을 끓임조에 연결한다. 온수탱크의 꼭지를 반쯤 열어 스파징 암이 회전을 시작하여 물이 뿌려지도록 한다. 동시에 당화조 바닥의 꼭지도 연다. 이 방식의 핵심은 곡물층을 관통하는 일관되고 꾸준한 물의 흐름을 유지하는 것이다. 곡물층이 당화조 벽면에서부터 떨어져 나온다면 들어가는 물의 양을 늘린다. 반대로 곡물층 윗부분에 물이 고이기 시작한다면 급수를 줄인다. 물이 과하면 그 무게 때문에 곡물층이 무너질 수 있다. 이렇게 되면 제대로 여과되지 않는다. 맥즙이 끓임조 바닥을 모두 덮으면 불을 켜 끓임 단계를 시작해도 된다. 이렇게 하면 시간이 절약된다. 끓임 단계 전에 확보되어야 할 맥즙량의 목표치에 다다를 때까지 계속 물이 흐르게 둔다. 플라이 스파징 방식의 변주로 식품 제조 설비에 사용 가능한, 구부릴 수 있는 플라스틱 호스에 구멍을 뚫어 온수탱크에 연결해 곡물층 위에 올려 두고 물이 흘러나오도록 하는 방법이 있다. 더 쉬운 방법으로는 재순환 항목에서 설명된 알루미늄 호일 방식을 차용하는 스파징도 있다. 어느 방법을 선택하든 원리와 목적은 동일하다.

Step 3 끓임

홉에서 쓴맛, 향과 풍미를 추출하는 (그리고 박테리아를 살균하는) 작업

01. 이 단계까지 왔다면 끓임조 안에 알맞은 양의 맥즙이 담겨 있고 끓임 과정이 시작되었을 것이다. 뚜껑을 덮으면 더 빨리 끓는다.

02. 맥즙이 끓기도 전에 홉을 넣는 것을 가리켜 퍼스트워트호핑first wort hopping; FWH이라 한다.

03. 맥즙이 보글보글 끓기 시작하면 호핑 과정에 들어갈 수 있다. 큼지막하게 덩어리진 홉은 잘게 부수어주고 레시피의 지시를 따라 각 단계에 정량을 덜어 넣는다. 홉을 추가할 때마다 한 번씩 저어준다. 끓임 과정 중에는 뚜껑을 반만 덮어준다. 뚜껑을 살짝 열어 두는 것으로 맥주에 소위 '익힌 옥수수'(DMS)라고 하는 잡맛을 더하는 황화합물을 날려보낼 수 있다.

수돗물에 함유된 염소도 이때 날아가며, 액체가 끓어 넘치는 것을 미연에 방지할 수 있다. 액체가 증발하면서 맥즙이 조금 줄어들겠지만 레시피대로라면 증발분을 고려하여 맥즙을 준비했을 것이다. 이 과정을 여러 번 경험하면서 정량에 대한 감각을 익히자. 월플록Whirlfloc 같은 청징제를 사용한다면 이 단계에서 넣어준다(일반적으로 마지막 10분 동안).

04. 이 단계 전반에 걸쳐 물이 꾸준하고 활발하게 끓도록 한다. 코일식 침지 냉각기를 사용하며 홉 스탠드를 하지 않겠다면 마지막 15분 동안 끓임조에 (물이 흐르지 않는) 코일을 담가 소독한다.

05. 시간이 다 되면 열원을 제거하고(브루어들은 이것을 플레임아웃flame-out이라고 한다) 마지막에 홉을 추가한다면, 즉 홉스탠드를 한다면 이때 추가한다.

06. 샘플을 소량 덜어내어 20℃로 식힌 다음, 비중계를 사용하여 비중을 측정한다. 이 값은 효율 및 최종 알코올 도수(ABV) 계산에 필요하므로 적어두자.

Step 4
홉 스탠드

마지막 단계에 추가된 홉을 따뜻한 맥즙에 느긋하게 우려내어 최대한의 아로마를 이끌어내는 과정

일반적으로 알려진 바에 따르면 다 끓인 맥즙은 최대한 빨리 식혀야 한다. 그러나 이 책에 실린 몇몇 레시피를 보면 알 수 있듯 홉 스탠드를 통해 맥주에 많은 아로마를 더할 수 있으며 이 방식을 선택하는 홈브루어도 많다. 기본적으로는 식어가는 맥즙에 아로마 홉을 잔뜩 넣어 10~45분 정도 우러나게 두면 된다. 이것을 월풀 호핑whirlpool hops이라고도 부른다. 전문 브루어리에서는 홉스탠드 시에 맥즙을 회전시켜 원심력을 통해 바닥 한가운데 고형물이 피라미드 형태로 모이게 함으로써 배수를 쉽게 하는데, 이 방식에서 월풀이라는 이름이 붙었다. 원한다면 월풀을 해도 되지만 하지 않더라도 홉스탠드는 가능하다. 레시피에 홉스탠드 과정이 없다면 5단계로 넘어가자.

Step 5 냉각 및 산소 투입

맥즙을 식히고 효모 투입을 준비하는 과정

홉스탠드를 하든 하지 않든, 세균 번식의 위험을 최소화하기 위해서는 맥즙을 가능한 빨리 식히는 것이 중요하다. 여기에는 두 가지 이유가 있으며, 첫째로 효모 패킷에 적힌 최적 온도에 맞추어야 하고 둘째로는 맥즙이 방치되는 시간을 최소화해야 하기 때문이다.

자연적으로 맥즙을 식히는 데는 몇 시간이 걸릴 수도 있다. 냉각기의 종류에 대해서는 20쪽을 참조하라(또는 끓임조를 통째로 얼음물에 담글 수도 있지만 이 방법은 시간이 오래 걸리며 당연히 가스레인지용 끓임조에만 쓸 수 있다). 이 단계부터는 맥즙에 닿는 모든 것을 잠재적으로 맥주를 상하게 할 수 있는 요인으로 간주해야 한다. 제발 소독에 신경 쓰자. 또한 이 단계에서 효모 준비를 미리 생각하는 것이 좋다. 물에 불려야 하는 효모의 경우 맥즙을 식히는 동안 작업을 시작하자.

침지식 냉각기

01. 침지식 냉각기를 사용하는 경우 양끝에 호스를 연결한다. 한쪽은 차가운 물이 들어오고 반대쪽은 냉각에 사용한 물이 나가는 호스다(이중 코일 냉각기일 경우 한 쌍씩 필요하다). 안전하게 유지하는 한에서 찬물 수도꼭지를 최대한으로 틀고 배수 호스가 배수구나 싱크대로 이어져 있는지 꼭 확인한다.

02. 효모 포장지에 적힌 온도 범위 내에 들어갈 때까지 수시로 온도를 잰다. 이 시점에서 냉각기에 들어오는 물을 잠그고 냉각기를 제거한다.

03. 이제 발효조로 맥즙을 옮긴다. 중력을 이용하여 따라내거나 사이펀을 사용한다. 이 단계에서는 텀벙텀벙 맥즙을 튀겨도 좋다. 효모가 발효를 개시하려면 맥즙에 산소가 풍부해야 하기 때문이다.

플레이트형 냉각기

입력 및 출력구에 호스를 바르게 연결한다. 냉각과 동시에 맥즙을 추출하게 되므로 발효조에 곧바로 들어가는 맥즙이 적정 온도(약 20℃)로 유지되는지 주의 깊게 확인하며 출력을 조정한다. 온도가 높으면 끓임조 하단의 꼭지를 살짝 잠근다. 이 단계에서는 텀벙텀벙 맥즙을 튀겨도 좋다. 효모가 발효를 개시하려면 맥즙에 산소가 풍부해야 하기 때문이다. 끓임조의 맥즙을 모두 발효조에 옮길 때까지 이 작업을 계속한다.

01. 효율성과 증발량에 따라 이 단계에서 확보된 맥즙의 양은 달라질 수 있다. 의도한 음료의 양보다 많거나 적을 경우 비중 측정값도 목표치에서 약간 벗어나게 된다. 이 경우에도 물론 멀쩡한 맥주가 만들어지지만 알코올 함유량은 목표한 도수와 조금 달라질 것이다. 이 단계에서 맥즙의 양은 초기비중(OG: original gravity)에 직접적으로 연관된다. 맥즙의 부피가 5%만 적어도 초기비중이 5% 높아지는 식이다. 그러니 남김없이 발효조로 옮기자.

02. 한번 더 비중을 측정한다. 이 값이 맥주의 초기비중(OG)이며 최종 알코올 도수(ABV) 결정에 중요하다. 레시피에 제시된 초기비중값 53쪽 참조)과 비교한다.

03. 맥즙의 온도가 균질하지 못하게 되는 것을 방지하기 위해 맥즙을 저어준다. 그 후 수온을 잰다. 너무 뜨겁다면 효모를 넣더라도 제대로 발효되지 않거나 심지어는 죽어버릴 수 있다. 이렇게 되면 새 맥즙에 효모를 다시 넣어야 한다. 새로 효모를 넣을 맥즙은 남아있을 수도 있고 그렇지 않을 수도 있다. 여분을 준비하는 것은 좋은 생각이다.

04. 맥즙에 산소를 투입한다. 우리와 마찬가지로 효모는 맥즙만 마시고는 살 수 없다. 산소도 필요하다(26℃보다 높은 온도에서 산소를 투입하면 안 된다. 산화oxidation가 일어날 수 있으며 맥주 맛이 이상해진다). 크래프트 맥주용품점에 가면 특수한 산소 투입 장비, 즉 에어레이터를 살 수 있다. 장비 없이 이 과정을 진행하려면 발효조 뚜껑을 꼭 닫고 3~4분 정도 충분히 흔들어주면 된다.

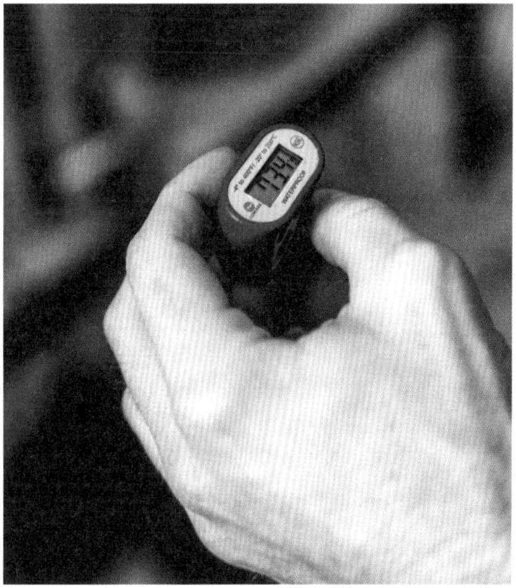

Step 6 **효모 투입**

발효조 안에서는 잔치가 벌어지고 있다. 당류가 술창고를 지키고 서 있고, 홉은 물을 댄스 플로어에 몰아넣고 있다. 다만 파티는 아직 시작되지 않았다. 효모 투입은 파티장에 존 벨루시('70년대 미국에서 활동한 유명 코미디언)를 들여보내고 문을 잠그는 것과 같은 효과를 낸다. 한마디로 파티장을 뜨겁게 달구는 것과 같다.

효모는 얼마나 사용해야 할까? 11도 미만의 맥주라면 맥즙 20L/5 갤런당 1봉지 정도면 충분하다. 그보다 도수가 높은 맥주에는 단위당 2봉지를 사용하거나 스타터 발효용액을 만드는 게 권장된다. 액상 효모는 사용하기 전까지 냉장보관해야 하지만 너무 오래 두지는 않도록 한다(몇 달 이상 방치된 효모는 활동이 둔화된다). 건조 효모는 훨씬 튼튼하다. 32쪽에서 언급했듯이, 시판 효모는 건조와 액상 두 종류가 있다. 세 번째 종류, 즉 야생 효모는 당신 주변 공기에 떠다니고 있다. 기회가 된다면 맥주에 첨가될 수도 있지만 결과물은 누구도 예측할 수 없다. 일단 처음에는 시판 효모를 사용하자. 자연 발효는 고급 기술이다.

크래프트 맥주용 건조 효모 생산자들은 맥즙에 첨가하기 전에 효모에 수분을 공급하는 것을 권장하곤 한다. 이들은 수분공급 과정이 잠재적으로 효모의 세포벽을 손상시킬 수 있으므로 특정 온도에서 소규모로 수행해야 한다고 주장한다. 이런 조언을 무시하고 건조 효모 분말을 맥즙 위에 직접 뿌리는

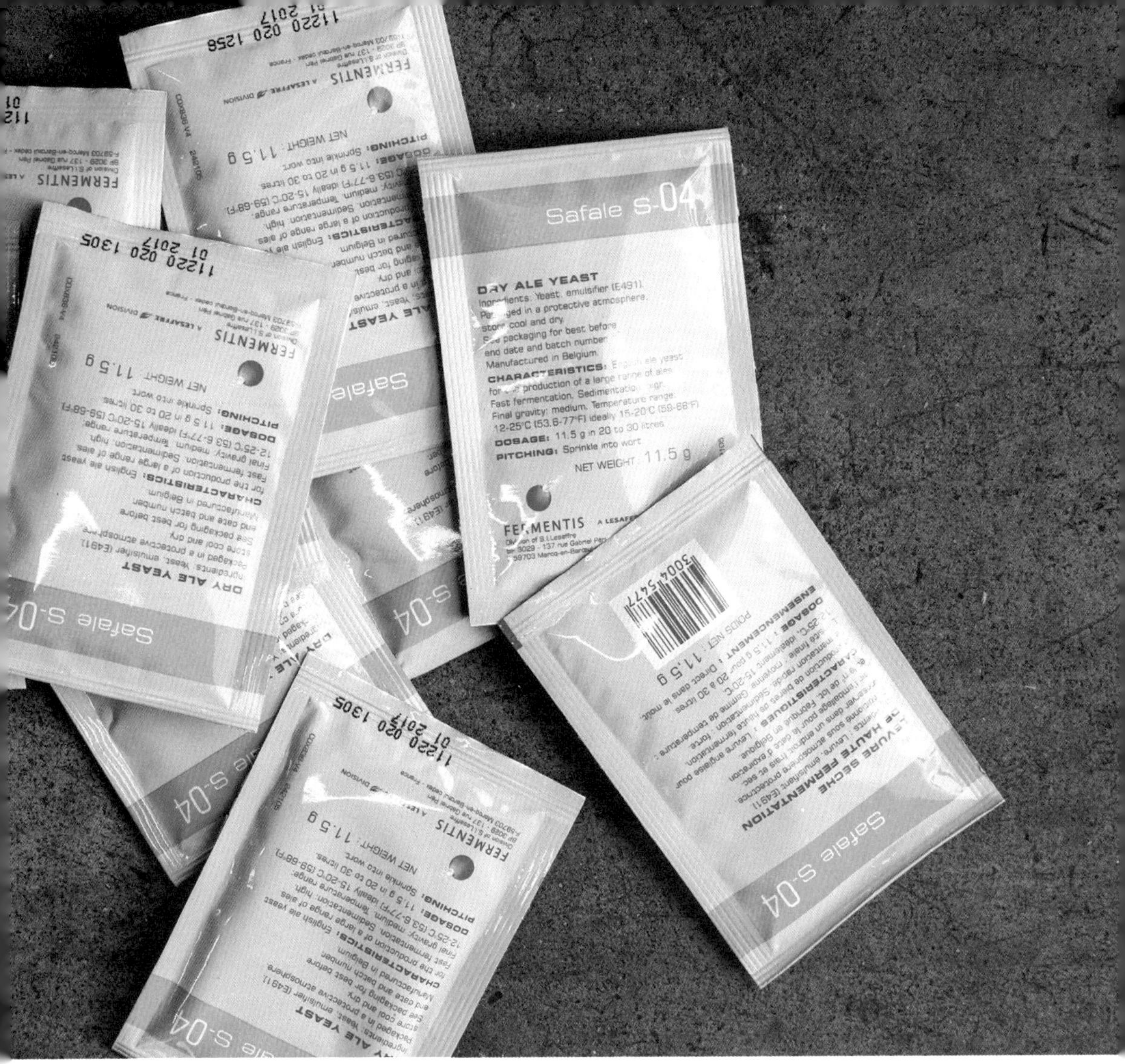

홈브루어도 있는데, 대부분의 경우 문제없이 발효가 개시되지만 성공이 보장되지는 않는다. 그러니 포장지에 쓰인 사용설명을 준수하는 것이 최선이다(또한 봉지를 뜯기 전에 겉면을 잘 소독한다). 봉지에 용법이 쓰여 있지 않다면(용법도 쓰여 있지 않은 효모는 대체 어디서 구하는 건가), 이렇게 하면 된다. 효모 양 4배 정도로 물을 끓인다. 그 후 살균 소독된 용기에서 체온(37℃ 정도)에 가까워지도록 식힌다. 실온 보관한 효모를 그 위에 뿌리고 15분간 그대로 두라. 부드럽게 섞은 다음 또 15분 정도 두었다가 우선 효모 온도와 맥즙 온도의 차이가 10℃ 미만임을 확인한 후 온도가 적절하다면 효모를 맥즙에 섞어 넣는다. 액상효모의 경우 3시간 전에 파우치를 활성화한 상태이고 적정 온도에 있다면 직접 주입하면 된다.

효모를 첨가했다면 맥즙에 작별 인사를 하고 뚜껑을 닫거나 밀봉한다. 다음에 열 때쯤이면 맥주가 되어 있을 테다. 구멍에 에어락을 끼운다. 버블러 타입이라면 정제수를 약간 넣는다.

Step 7 발효 (및 드라이 호핑)

좋은 맥주는 좋은 발효를 요구한다. 효모의
요구 사항만 지켜준다면 실패하기가 더 어렵다.

어떻게 보면 발효는 맥주 양조에서 가장 쉬운 단계다. 효모가 모든 작업을 수행하기 때문이다. 하지만 가장 중요한 단계이기도 하다. 레시피에 명시된 온도가 유지되는 어두운 곳에 발효조를 보관하는 것만으로도 효모의 일을 도울 수 있다. 1차 발효는 효모 첨가 후 12시간 이내에 개시될 것이다. 그 증거로 다량의 CO_2 생성을 에어락에서 확인할 수 있다(24시간 후에도 아무 일도 일어나지 않았다면 효모가 활성화되지 못한 것이다. 그러나 절망하기엔 이르다. 명시된 조건이 철저히 준수되는지 확인하며 예비 패킷을 첨가해보자). 유리 용기를 이용한다면 맥즙 상부에 거품 같은 크라우젠이 형성되는 것을 관찰할 수 있을 것이다. 다만 스테인리스나 플라스틱 용기를 사용한다면 열어서 확인하고 싶은 유혹에 절대 지지 않도록 하자. 발효조를 열어보는 것은 맥주가 감염되라고 고사 지내는 짓이다.

일반적인 조건하에 이 단계는 에일의 경우 최대 10일 정도 소요된다. 효모는 살아있는 생물이며 명령에 따르는 존재가 아니므로 정확하게 추측하긴 어렵다. 꾸준히 주시하라. 에어락을 통해 보이는 활동이 둔화되었다면 2차 발효조로 랙킹을 하거나 (대부분의 경우 홈브루어들은 이 과정을 할 필요가 없다) 혹은 숙성될 수 있도록 조금 더 두고 보면 된다. 이때에도 효모는 느려졌을 뿐 활동하고 있다. 더불어 맥주가 점점 투명해지는 중일 것이다. 랙킹을 하지 않는다면 이 상태로 최대 3주 정도 기다리면 된다.

이 단계를 만족스럽게 완료했다면(그리고 이 만족감은 경험을 더할 수록 증가한다) 비중을 잴 차례다. 이번 측정값이 바로 최종 비중(FG:final gravity)이며 알코올 도수 측정에 이용되는 수치다 (52쪽 참조). 라거를 만드는 경우 이때 라거링 단계에 들어간다. 즉, 저온에서 추가 발효를 하게 된다.

일부 브루어들은 이후 라거나 맥주에 '콜드크래싱cold crashing'이라고 부르는 과정을 수행한다. 즉 1℃에서 5℃ 사이로 맥주를 차갑게 식힌 후 수일에서 최대 1주일 정도 방치함으로써 맥주가 뿌옇게 되는 것을 막는다.

이 책에 실린 몇몇 레시피에서 제시하는 드라이호핑dry-hopping을 한다면 이 단계에서 하면 된다. 드라이호핑은 얼마나 오래 해야 할까? 홈브루잉에서 많은 경우 그렇듯 정해진 답은 없다. 어림잡아 3일이면 적당하지만 취향에 따라 가감하며 실험해보면 된다. 이때 홉은 홉 오일을 녹여낼 만큼 오래 맥즙과 접촉해야 한다. 발효조의 재질 및 형태에 따라 최적의 방식이 달라진다. 맥즙에 고형물이 첨가되는 것을 막고자 모슬린 천주머니를 이용하여 드라이호핑하는 사람도 있지만, 이렇게 하면 플라스틱이나 유리 재질 카보이에 집어넣기 쉽지 않다. 그런 의미에서 이 단계에서는 단순히 실용적인 관점에서 홉플러그를 쓰는 것이 편리하다. 랙킹과 여과 과정을 거쳐 병입용 용기에 옮겨 담을 생각이 아니라면 맥주에 홉 덩어리가 떠다니는 것을 막기 위해서라도 꼭 주머니가 필요하다.

Step 8 프라이밍, 병입 및 숙성

시음 직전의 몇 단계는 탄산기포 생성을 위한 밑작업을 하고 맥주가 편안히 숙성되도록 환경을 맞춰 주는 과정으로 이루어진다.

이제 마실 수 있는 맥주에 아주 가까워졌다. 발효조 안에 든 액체는 더 이상 맥즙이 아니다. 기포가 없고 약간 덜 익었을 뿐 몰트와 홉, 알코올의 특성은 충분하다. 기포 생성을 위해서는 당을 첨가하는 프라이밍 과정이 필요하다. 이때 주로 양조용 설탕(맛에 변화를 주지 않는 단당류, 즉 포도당으로서 효모에 의해 쉽게 CO_2로 변환된다)이 사용된다. 필요한 탄산화의 부피에 맞춰 용액을 만들자. 방법은 꽤나 간단하다. 이제 맥주병에 침전물이 섞여드는 것을 방지하는 랙킹 과정을 통해 병입 전에 다른 용기로 옮겨도 된다. 이 과정을 진행할 경우 용기에 먼저 설탕 용액을 붓고 그 위에 맥주를 랙킹한다. 또는 그냥 발효조에 직접 붓되 조금 더 주의하면 된다. 거의 맥주가 된 액체에 용액을 붓고 아주 조심스럽게 저어주되 고르게 섞이도록 한다.

철저하게 소독된 보틀링 탭bottling tap을 용기에 부착하고 철저하게 소독된 병에 맥주를 채운다. 이 단계에서 맥주를 오염시키는 것은 마라톤의 마지막 30미터에서 발목을 부러뜨리는 것과 다름없다. 캐퍼capper를 이용하여 소독한 보틀 탭으로 병을 야무지게 밀봉하자.

이제 어둡고 서늘한 곳에 병을 2주 이상 보관하되, 1~2주 정도 더 기다려도 좋다(몇몇 맥주, 이를테면 뵈그너의 발리와인 같은 맥주는 더 오랜 숙성 기간을 필요로 한다.)

이 다음 단계에 대해서는 별다른 지침이 필요치 않을 것이다. 몇 개의 병을 차갑게 식힌 후 건배를 외치고 인생 최고의 맥주를 맛보면 된다. 적어도 다음에 만들 맥주를 맛보기 전까지는 말이다.

How to follow these recipes

레시피를 따라하기 전에

맥주 레시피는 비중, 수율, 시간, 중량, 백분율 등 고유의 언어를 가지고 있다. 집에서 실제로 수행해야 할 작업과 이러한 개념이 어떻게 연결되는지를 이해하고 나면 훨씬 간단하게 느껴질 것이다. 더불어 자신만의 레시피 언어를 개발할 수도 있겠다.

모든 맥주 레시피는 효율도와 장비를 염두에 두고 만들어진다. 같은 재료를 가지고도 조건에 따라 서로 다른 결과물이 나올 수 있는 것이다. 그러므로 처음으로 빚는 맥주는 시험작이라고 생각하자. 또 과정을 상세히 기록하자. 장비, 정확한 측량, 목표치 실현, 시행착오, 연습, 일관성 등은 재료만큼이나 중요하다. 이 책에 실린 레시피는 전문 브루어가 고안한 것이다. 예를 들어 당화 단계의 특정 스케줄이나 발효 프로파일 따위를 정확히 재현할 수 없다면 적절히 조정하되, 기본 원칙은 건드리지 않는다!

여러 단계로 나누어 설명하면 홈브루잉은 충분히 간단해 보일 수 있다. 그러나 과학적인 구성 요건을 조금 더 깊이 파고들면 수많은 수치, 백분율, 무게, 측정값 등이 어지럽게 뒤섞여 부담을 줄 수 있다. 자전거 만들기에서 양봉에 이르기까지 다른 취미 생활과 마찬가지로, 당신은 맥주 양조에 있어서도 원하는 만큼 파고들어갈 수 있다. 일단은 무작정 뛰어들었어도 머지않아 당신의 양조 과정에 아름다운 평온이 찾아들 것이다. 재료와 각 속성 사이의 관계는 자연스럽게 드러날 것이다. 효율성과 일관성 역시 손에 잡힐 듯 가깝게 느껴질 것이다. 장비는 몸의 일부처럼 느껴지고 맥아, 홉, 효모와 하나가 된 감각을 느낄 수 있을 것이다.

그렇지 않더라도, 적어도 요령은 생길 것이다. 어찌됐든 결과물은 훌륭한 맥주다. 인터넷 프로그램 및 스마트폰 앱의 형태로 뛰어난 크래프트 맥주 계산기가 제공되므로 이를 다운받는 것도 물론 좋지만, 양조 과정 이면에 숨겨진 과학적 원리를 이해한다면 더 좋은 맥주를 만들 수 있다. 양조를 하기 위해서는 아주 기초적인 정도의 수학적 지식이면 충분하다. 만약 이게 너무 어렵다면, 음, 맥주를 마실 수 있는 나이가 된 것은 맞겠지?

목표 ABV

부피당 알코올 함량, 즉 맥주의 도수를 나타내는 지표다. 이것은 꽤나 중요한 수치이다. 아침에 마실 수 있는 맥주를 만들 것인가, 아니면 다음 일정을 비워 놓아야 마실 수 있는 맥주를 만들 것인가? 레시피의 ABV는 목표치이지 보장된 수치가 아니다. 바로 목표치를 달성하지 못하더라도 걱정마라. 알코올 도수를 계산하기 위해서는 초기비중(OG)과 최종비중(FG) 값이 필요한데, 이 두 측정값 역시 목표치로서 제시된다(53쪽 참조). 홈브루잉용 간단 수식은 **ABV = (OG − FG)×131.25**로 나타낼 수 있다. 다만 비중과 알코올 도수는 선형적인 비례관계가 아니므로 이 수식으로 얻는 값은 정확하지 않을 것이다. 높은 도수의 맥주일수록 오차가 커진다. 더 정확한 값을 얻으려면 전문 프로그램이나 온라인 계산기를 이용하자.

수율

이 책의 모든 레시피는 가정에서 감당 가능한 일회분 양조 표준인 20L/5갤런을 기준으로 한다. 이 부피는 발효조에 들어가는 액체의 양을 기준으로 하며, 그에 더해 효모, 드라이호핑, 용기 구조 등으로 인해 손실되는 양을 고려해야 한다. 맥주를 더 적게 혹은 많이 만들고 싶다면 그에 맞추어 물, 맥아,

홉, 효모의 양을 조정해야 한다. 수율 역시 목표치에 해당한다. 더 높거나 낮게 나온다면 그에 따라 비중과 알코올 도수도 목표치에서 벗어나게 될 수 있다.

초기비중 및 최종비중 목표치

홈브루잉 레시피에서 가장 중요한 두 목표치가 바로 초기비중(OG)과 최종비중(FG)이다(초기비중은 끓임 단계 전후에 측정한 두 수치를 모두 가리킬 수 있지만 이 책에서는 끓이기 전에 측정한 초기비중을 기준으로 한다). 이 수치를 이용하여 알코올 도수를 계산할 수 있을 뿐만 아니라 양조 과정이 얼마나 효율적이었는지를 알려주며, 최종비중의 경우 발효가 끝났다는 것을 알려주기도 한다. 브루어들이 '양조장 효율'에 대해서 논할 때, 이 말은 해당 브루어리의 체계에서 양조 과정 전반에 걸쳐 곡물에서 발효 가능 당류를 추출할 수 있는 능력을 가리킨다. 재료가 서로 다르므로 양조할 때마다 같은 효율을 기대할 수는 없다. 이 책에 실린 레시피는 모두 75% 효율도를 가정하며 이는 썩 나쁜 목표치라고 할 수 없다. 당신의 양조 능력이 향상됨에 따라 효율성을 고려하고 자신의 효율도를 측정하고 싶어질 수 있다. 비어스미스Beersmith와 같은 훌륭한 프로그램이 이때 유용하다.

곡물

이 책의 모든 레시피는 곡물의 무게와 백분율을 제시하고 있다. 기본적으로, 효율성에 너무 구애받고 싶지 않다면 무게를 기준으로 삼고, 본인이 가진 장비 성능과 실현 가능한 효율성에 대해 잘 이해하고 있다면 비율을 기준으로 삼는 편이 더 정확한 결과물을 얻을 수 있다.

당화

당화mashing단계는 기본적으로 곡물과 물을 섞는 과정이다. 이 단계는 어쩌면 다른 어느 단계보다도 브루어리별 편차가 클지도 모른다. 본인만의 방법으로 초기비중 목표치를 실현할 수 있다면 그렇게 하라. 당화용수는 두 종류, 즉 곡물을 불릴 때 쓰는 물strike water과 스파징 단계에 쓰는 물sparge water로 나뉘며 각 단계에 물을 바르게 배분해야 한다. 스파징용수 계산에는 매쉬의 점도, 즉 물과 곡물의 비율을 사용한다. 일반적으로 '표준' 비율은 물 2.6리터에 분쇄된 맥아grist 1kg 정도다. 또 곡물을 불릴 때 쓰는 물은 곡물 무게×매쉬 점도로 계산한다. 스파징용수는 측량이 쉽지 않다. 최종적으로 발효조에 들어가는 맥즙 용량을 목표치에 맞추려면 곡물이 빨아들이는 수분, 트룹(trub: 단백질과 폴리페놀이 응집하여 생기는 앙금)이나 홉에 스며드는 수분, 용기 구조상 액체가 갇히는 공간, 끓임 단계에서 증발하는 물 등을 모두 고려해야 한다.

당신의 체계에서 수분 손실이 얼마나 일어날지는 궁극적으로 시행착오를 거쳐야만 알 수 있다(끓임조에서 한 시간 동안 물을 끓이고 끓인 전후의 부피를 측정하는 것으로 증발량을 계산할 수 있다). 양조 체계를 정확히 파악하기 전이라면 양조수를 20L/4.5갤런 준비하고 이 양에서 7L/1.5갤런 늘어났을 때 스파징을 멈추도록 한다. 이 정도라면 증발 및 여타 손실을 보충할 수 있을 것이다.

홉

이 책에서 소개하는 브루어리 중 일부는 레시피에 알파산(AA) 퍼센티지를 명시한다. 알파산이란 끓임 단계에서 추출되는, 쓴맛을 내는 화합물이다. 쓴맛은 IBUInternational Bitterness Unit로 측정한다. AA와 IBU는 비례 관계에 있다. AA가 높을수록 IBU도 높다. 홉을 더 많이 넣거나 더 오래 끓이는 것으로 같은 효과를 볼 수 있다. 알파산은 작황에 따라 달라지므로 정확한 IBU값을 얻으려면 홉 무게를 AA에 맞춰 조정해야 한다.

만약 사용하는 재료의 AA에 맞춰 홉을 조정하고자 한다면, 다음 수식을 활용하라.

오리지널 AA%×홉의 무게/새 홉의 AA%=새 홉의 무게

곡물과 마찬가지로 홉의 경우에도 레시피에 적혀 있는 것과 똑같은 종류를 입수하지 못할 수 있다. 풍부한 대안책을 활용하자.

효모

대부분의 브루어리에서는 전용 균주house strain를 사용한다. 여기 나온 레시피에서는 시판되는 효모를 추천하고 있으며 구할 수 없다면 얼마든지 대용품을 찾을 수 있다.

발효

목표한 최종비중에 도달하고 발효과정이 종료할 때까지 레시피에서 제시한 발효 온도를 최대한 유지하자.

Wheat, saison & sour

밀, 세종, 사우어

밀, 바이젠, 위트: 몰트화된 밀은 맥주를 부드럽고 상쾌하게 만들고, 몰트화되지 않은 밀은 조금 더 날카롭다. 세종은 프랑스와 벨기에 지역 농가의 가벼운 기포성 에일로, 다양한 가향 재료와 궁합이 좋다. 사우어는 서로 다른 효모 균주와 박테리아를 이용해 특유의 시큼한 맛을 낸다.

2015
Bruery
TERREUX™
BERET™
IMPERIAL SOUR WIT ALE BREWED WITH SPICES
AND AGED IN OAK BARRELS WITH RASPBERRIES
BALANCED · FRUITY

Bruery Terreux
브루어리 떼흐
미국 캘리포니아 오렌지카운티

BERET | 베레
라즈베리 임페리얼 사우어 위트비어(Raspberry Imperial Sour Witbier)

20 L / **5** GAL | ABV **9%**
OG **1.076** | FG **1.010**

어떤 크래프트 맥주 애호가들은 맥주를 사서 마시는 데에 그치지 않는다. 이들은 맥주를 사고, 보관하고, 거래하고, 숙성시키고, 과시한다(그러고는 마시기까지 해야 할 텐데…). 이런 희귀 맥주 수집가들의 세계에서 끊임없이 언급되는 이름이 바로 더 브루어리The Breuery다 — 파생 브랜드인 사우어 맥주 전용 브루어리 떼흐는 2015년에 탄생했다. 이 브루어리는 단호히 IPA를 거부한다. 창립자 패트릭 루Patrick Rue와 그 팀은 배럴에 숙성시킨, 새콤하고 실험적이며 과일향에 베이스를 둔 스타일로 옛날 맥주를 재구성하거나 새롭고 독창적인 음료를 개발하는 데 집중한다. 이 중 많은 맥주가 어두운 나무통 안에서 오랜 휴식을 취한 후 활짝 피어난다. 그러나 '베레'는 스테인리스 용기(혹은 맛이 강하지 않은 와인이 담겼던 오크통이나 데미존 혹은 카보이)에서 발효되어 별도의 후숙 기간 없이 즐긴다(물론 이 맥주도 보관할수록 맛이 복잡해진다). 베이스는 홉을 최소화한 부드러운 벨지안 위트비어지만 락토 박테리아와 브렛 효모가 첨가되면 한 차원 높이 진화한다. 브렛 효모는 발효 후에 남은 맥아당(혹은 라즈베리 과당)에 부착하여 특유의 향신료 맛과 과일향, 농가적인 향미를 더한다. 브루어 앤드류 벨Andrew Bell은 많은 양의 이산화탄소 생성에도 견딜 수 있는 튼튼한 병을 사용할 것을 추천한다(목표 탄산 수치는 2.75 정도).

몰트와 곡물

바이어만 필스너 몰트(Weyermann pilsner), 3.4kg/7lbs 8oz (60%)

그레이트 웨스턴 미발아 밀(Great Western unmalted wheat), 2.27kg/5lbs (40%)

당화

67℃에서 60분

홉

(60분 동안 끓인다)

저먼 매그넘(German Magnum) 15.2% AA, 6g/0.21oz, 퍼스트워트호핑

효모

화이트랩 WLP400 벨지안 위트 에일(White Labs WLP400 Belgian Wit Ale), 또는 더블유이스트 3944 벨지안 위트비어(Wyeast 3944 Belgian Witbier)

락토바실러스 브레비스(Lactobacillus brevis) – 본인이 선호하는 것으로 (발효 12일)

브레타노마이세스 브루셀렌시스(Brettanomyces bruxellensis) – 본인이 선호하는 것으로, 밀리리터(ml) 당 100만 마리 (발효 12일)

발효

18℃에서 시작, 이후에는 자연 온도. 완전 발효 및 사우어링(souring)에 약 2개월 소요.

기타 재료

분쇄한 고수 12g/0.4oz, 10분간 끓인다.

비터 오렌지 껍질 12g/0.4oz, 10분간 끓인다.

효모 영양소와 월플록, 10분간 끓인다.

라즈베리 퓌레 726g/1lb 9.6oz, 또는 라즈베리 과실 826g/13.1oz, 1차 발효 12일째에 추가

Brooklyn Brewery

브루클린 브루어리

미국 뉴욕 브루클린

브루클린 브루어리에 관한 매력적인 이야기만으로도 책 한 권을 쓸 수 있다. 실제로도 책이 있다! 제목은 『맥주 학교: 브루클린 브루어리의 성공기*Beer School: Bottling Success at the Brooklyn Brewery*』로, 브루클린 윌리엄스버그 지역에 문을 연 지 30년 가까이 지난 지금에도 갓 딴 맥주처럼 신선한 이 멋진 브루어리에 대한 수많은 일화와 정보 및 기록, 역사, 전설로 가득하다. 브루클린 브루어리는 크래프트 맥주업계의 왕좌에 올랐다고 해도 과언이 아니다. 1988년, 중동 특파원 출신으로 열정적인 홈브루어였던 스티브 힌디Steve Hindy와 은행가 톰 포터Tom Potter가 설립했다. 이제는 하나의 아이콘이 된 브랜드 로고는 I ♥ NY 디자이너로 유명한 밀튼 글레이저Milton Glaser가 만들었다. 1994년부터는 크래프트 맥주업계의 세계적인 권위자인 개럿 올리버Garrett Oliver가 이곳의 맥주 생산을 총괄 지휘해왔다. 브루클린 브루어리는 광고를 일체 하지 않는 마케팅 전략과 타협하지 않는 맥주 품질로 명성을 얻었다. 대표적인 맥주로는 조화롭고 균형 잡힌 이스트 IPAEast IPA, 야외에서 즐기기 좋은 서머 에일Summer Ale, 그리고 세계적으로 유명한 브루클린 라거Brooklyn Lager가 있는데, 브루클린 라거는 1988년 비엔나풍의 풍미 깊은 몰트 향으로 수많은 일반 맥주 애호가들을 놀라게 한 이래, 꾸준히 크래프트 맥주 세계로 우리를 인도하고 있다.

"Beer has dispelled the illness which was in me."
—Late Egyptian, translated by Dr. Kent Weeks
BROOKLYN
PACKAGING

Brooklyn Brewery

브루클린 브루어리

미국 뉴욕 브루클린

SORACHI ACE | 소라치 에이스

아메리칸 홉드 세종(US-Hopped Saison)

20 L / **5** GAL | ABV **7.2%**
OG **1.062** | FG **1.008**

소라치 에이스는 비교적 최근에 브루클린 라인업에 추가된 맥주로, 뉴욕 악센트를 구사하는 고전적인 벨기에 농가의 에일이라 할 수 있다. 전통적으로 세종 맥주는 벨기에 남부의 시골 왈롱에서 열심히 일하는 농부들을 위해 만들어졌다. 기본적인 재료는 유럽산 몰트와 곡물, 저알파산 노블 홉으로 제한적인 편이지만 다른 홉이나 각종 가향 재료와 궁합이 좋은 편이어서 양조하기에 즐거운 맥주다. 전통적인 세종의 21세기 버전인 이 맥주는 일본을 거쳐 북서부로 들어오는 소라치 에이스 홉 단 한 품종만을 사용하는데, 타의 추종을 불허하는 꽃과 레몬향을 제공한다. 이 레시피는 끓임 단계에서 조금씩 여러 번에 걸쳐 홉을 첨가하는 기법이 쓴맛부터 아로마에 이르기까지 얼마나 풍성한 향미를 이끌어낼 수 있는지를 잘 보여준다. 세종의 핵심 요소 중 하나인 벨지안 효모는 과일과 향신료, 에스테르를 통해 특유의 존재감을 알린다. 결과물은 밀빛을 띠고 탄산이 개운하며 음식과 잘 맞고 놀랍도록 갈증 해소에 특화된 맥주다. 이것 한 잔이면 지루하고 고된 업무도 식은 죽 먹기일 테다.

몰트와 곡물

필스너 몰트(Pilsner malt), 5kg/11lbs (92%)

당화

50℃에서 10분, 63℃에서 60분, 67℃에서 15분, 75℃에서 매쉬아웃. 1.054 SG에서 맥즙을 따라내고 옥수수당을 첨가한다.

홉

소라치 에이스(Sorachi Ace) 12% AA, 14g/0.5oz, 60분

소라치 에이스(Sorachi Ace) 12% AA, 14g/0.5oz, 30분

소라치 에이스(Sorachi Ace), 56g/2oz, 0분

소라치 에이스(Sorachi Ace), 84g/3oz, 드라이호핑 5~7일

효모

더블유이스트 1214 벨지안 에일(Wyeast 1214 Belgian Ale), 또는 화이트랩 500 트라피스트 에일(White Labs 500 Trappist Ale)

발효

22℃

기타 재료

옥수수당 450g/1lb (8%)

SORACHI ACE

8
wired
BREWING CO.
SAISON SAUVIN

8 Wired Brewing

에잇와이어드 브루잉

뉴질랜드 워크워스

SAISON SAUVIN | 세종 소빈

뉴질랜드-홉 세종(NZ-Hopped Saison)

20 L / **5** GAL | ABV **7%**
OG **1.055** | FG **1.002**

뉴질랜드에서는 8번 철사로 못할 일이 없다고들 한다. 이 울타리용 철사는 뉴질랜드 특유의 DIY 가치관을 상징한다. 즉 적응력과 기지, '빌어먹을, 하지만 어떻게든 해내겠다'는 태도 말이다. 심지어 8번 철사로 훌륭한 맥주 또한 생산할 수 있는 듯하다. 에잇와이어드의 소렌 에릭센Søren Eriksen이 2011년 뉴질랜드 챔피언 브루어리NZ Champion Brewery를 비롯해 다수의 상을 거머쥐었으니 말이다. 독특한 뉴질랜드산 홉인 넬슨 소빈Nelson Sauvin을 사용한 에잇와이어드의 세종과 브루클린 브루어리의 소라치 에이스, 혹은 버닝스카이의 세종 아 라 프로비지옹Saison à la Provision을 비교해보면, 같은 세종이라도 맥아, 홉, 효모의 종류, 부자재와 기법에 따라 결과물은 천차만별임을 알 수 있다. 다음은 이 레시피에 대한 소렌의 조언이다. "발효도attenuation가 알맞게 나오려면 발효온도가 높은 상태로 발효를 끝내는 것이 중요합니다. 효모는 다양한 종류를 사용할 수 있지만, 무엇을 쓰든 3711에서 얻을 수 있는 극단적인 수준의 발효도를 재현하는 것이 중요합니다. 따라서 낮은 발효도를 갖는 효모를 사용한다면 발효성 당 중에서 덱스트로스를 최대 10%까지 포함시킵니다. 넬슨 소빈으로 살짝 드라이호핑을 하는 것도 나쁘지 않습니다. 물론 우리는 하지 않지만……." 넬슨 소빈 역시 대체 불가능한 재료다. 다른 홉을 사용한다면 맛이 완전히 달라질 것이다.

곡물

필스너 몰트(Pilsner malt), 2.71kg/5lbs 15.6oz (59%)

페일 에일 몰트(Pale ale malt),1.06kg/2lbs 5.4oz (23%)

밀 몰트(Wheat malt), 370g/13oz (8%)

카라몰트(Caramalt), 180g/6.3oz (4%)

밀 플레이크(Flaked wheat), 180g/6.3oz (4%)

산성 몰트(Acid malt), 90g/3.2oz (2%)

당화

적절한 발효도를 얻기 위해 매우 낮은 온도에서 당화한다. 64℃에서 60분. (자신 있다면 더 낮은 온도도 괜찮다)

홉

(60분 동안 끓인다)

넬슨 소빈(Nelson Sauvin), 42g/1.5oz, 퍼스트워트호핑

넬슨 소빈(Nelson Sauvin), 84g/3oz, 월풀

모투에카(Motueka), 42g/1.5oz, 월풀

효모

더블유이스트 3711 프렌치 세종(Wyeast 3711 French Saison)

발효

21℃에서 발효 개시. 이후 4~5일에 걸쳐 27℃ 정도로 자연스럽게 상승할 수 있도록 한다.

Three Boys Brewery

쓰리보이즈 브루어리

뉴질랜드 크라이스트처치

THREE BOYS WHEAT | 쓰리보이즈 위트

벨지안 스타일 위트(Belgian-style Wit)

20 L / **5** GAL | ABV **5%**
OG **1.050** | FG **1.012**

뉴질랜드는 다양한 분야에 걸쳐 밝은 미래를 지닌 작은 나라다. 크래프트 맥주 산업도 예외는 아니어서, 남북반구를 통틀어 규모 대비 질이 뛰어난 편이다. 쓰리보이즈의 랠프 번가드Ralph Bungard는 뉴질랜드 양조협회장이자 전직 과학자이다. 과학자 출신답게 방법론적이고 탐구적인 그의 양조 방식이 큰 도움이 되는지, 꾸준히 최상급의 맥주를 선보이며 다양한 상을 받았다 – 대표적으로 뉴질랜드 남섬의 블러프에서 생산되는 세계 최고 수준의 굴을 사용한 오이스터 스타우트Oyster Stout가 있다. 쓰리보이즈는 세계 시장 석권보다는 품질에 중점을 두고 의도적으로 소규모로 운영하는 브루어리다. 이곳의 모든 맥주가 그러하듯 (여기서 다루는) 밀 맥주 역시 기본에 충실하다. 효모의 특성이 두드러지며 구름 같은 헤드(거품)와 고수 및 시트러스 향이 특징적인, 클래식한 벨지안 스타일 맥주라고 할 수 있다. 다만 뉴질랜드의 브루어들은 언제나 자신의 개성을 맥주에 녹여내고자 하는데, 여기서는 싱그럽고 열대 느낌의 모투에카Motueka를 포함해 국산으로만 선별된 홉과 독특한 메이어레몬 제스트 향을 더해 개성을 살리고 있다. 밀 맥주는 만들 때는 당화 시 내용물이 끈끈해지는 경우가 많으므로 여과 시에 주의하자. 쌀겨를 이용하면 뭉치지 않게 유지할 수 있다.

곡물

글래드필드 뉴질랜드 라이트 라거 몰트(Gladfield NZ Light Lager malt), 2.01kg/4lbs 6.9oz (47%)

글래드필드 뉴질랜드 밀 몰트(Gladfield NZ Wheat Malt), 1.34kg/2lbs 15.3oz (32%)

글래드필드 뉴질랜드 생밀(Gladfield NZ Raw Wheat), 670g/1lb 7.6oz (16%)

글래드필드 글래디에이터 페일 크리스탈(Gladfield Gladiator Pale Crystal), 10L 300g/10.6oz (5%)

당화

69℃에서 60분

홉

그린불렛(Green Bullet) 13.9% AA, 7.5g/0.26oz, 90분

모투에카(Motueka) 7.5% AA, 3.5g/0.1oz, 10분

모투에카(Motueka) 7.5% AA, 10g/0.35oz, 0분

효모

더블유이스트 3994 벨지안 위트(Wyeast 3994 Belgian Wit)

발효

20℃

기타 재료

신선한 메이어레몬 껍질, 22g/0/8oz, 5분간 끓인다.

분쇄한 고수 씨앗, 33g/1.2oz, 5분간 끓인다.

three boys
Wheat

BREW BY NUMBERS
BBNº
01|01
SAISON
CITRA
5.6%
HANDCRAFTED IN LONDON

Brew By Numbers

브루 바이 넘버스

영국 런던 버몬지

01 | 01 CITRA SAISON | 01 | 01 시트라 세종

호피 세종(Hoppy Saison)

20 L / **5** GAL | ABV **5.5%**
OG **1.044** | FG **1.002**

지금쯤이면 맥주 양조에 숫자가 많이 사용된다는 것을 깨달았을 테다. 이 항목에서는 한 단계 더 나아간다. 이 혁신적인 런던의 브루어리는 2011년 두 명의 열정적인 홈브루어 톰 허칭스Tom Hutchings와 데이브 시모어Dave Seymour에 의해 설립되었다. 두 사람은 초창기부터 제대로 일을 하겠다고 마음먹었다. 베네룩스 지역을 여행하며 광범위하게 생산되는 독특한 맥주에 눈을 떴고, 영국으로 돌아와 벨기에에서 배운 엄격함과 세심함은 살리되 무한한 상상력을 더해 맥주를 생산하기 시작했다. '넘버스'라는 이름은 브루어리 고유의 카탈로그 시스템을 의미한다. 첫 번째 숫자는 맥주 스타일(이를테면 08은 스타우트, 14는 트리펠을 의미하는 식이다)을 뜻하며, 두 번째 숫자는 레시피 종류를 뜻한다. 예를 들어, 모자이크 IPA라면 05 | 08이라고 표기하는 것이다. 그리고 그 시발점이 바로 이 시트라 세종이다. 전통적인 세종이라면 워싱턴 홉을 함유하고 있지는 않겠지만, 브루클린 브루어리의 소라치 에이스나 에잇와이어드의 세종 소빈처럼, 이 스타일은 완벽하게 들어맞는다. 시트라 홉의 열대과일을 연상시키는 리치, 자몽, 멜론의 향미는 이 가볍고 부드러운 스파클링 세종과 완벽하게 어울린다.

곡물

로-컬러 마리스오터 페일 몰트(Low-colour Maris Otter pale malt), 1.35kg/2lbs 15.6oz (36.5%)

필스너 몰트(Pilsner malt), 1.08kg/2lbs 6.1oz (29%)

밀 몰트(Wheat malt), 810g/1lb 12oz (22%)

밀 플레이크(Flaked wheat), 270g/9.5oz (7.5%)

당화

65℃에서 60분

홉

할러타우어 매그넘(Hallertauer Magnum) 12.9% AA, 5g/0.15oz, 60분

시트라(Citra) 12% AA, 10g/0.35oz, 10분

시트라(Citra) 12% AA, 10g/0.35oz, 5분

시트라(Citra) 12% AA, 50g/1.8oz, 플레임아웃. 식히기 전에 10분간 침지.

효모

더블유이스트 3711 프렌치 세종(Wyeast 3711 French Saison), 또는 기타 본인이 선호하는 세종용 효모

발효

24℃, 이상적으로는 48시간 동안 온도 유지 후 자연 상승할 수 있게 둔다. 이후 27℃에서 유지.

기타 재료

설탕, 180g/6.3oz (5%), 맥즙이 끓기 직전에 천천히 첨가하며 타지 않고 전부 녹아들도록 한다.

분쇄한 고수 씨앗, 10g/0.35oz, 끓임 종료 5분 전에 추가.

Burning Sky Artisan Brewers and Blenders

버닝 스카이 아티잔 브루어즈 앤 블렌더즈

영국 석세스 펄

SAISON À LA PROVISION | 세종 아 라 프로비지옹

세종(Saison)

20 L / **5** GAL | ABV **6.5%**
OG **1.052** | FG **1.002**

영국맥주저널리스트협회가 선정한 2014년 올해의 브루어인 마크 트랜터Mark Tranter는 다크 스타 브루잉 컴퍼니Dark Star Brewing Company의 설립자 중 한 명이다(140쪽 참조). 그가 떠난 다크 스타는 여전히 훌륭한 맥주를 생산해내고 있지만, 트랜터의 진짜 열정은 다른 데 있었고, 2013년에 말뜻 그대로 장기 프로젝트인 버닝 스카이를 설립했다. 버닝 스카이의 주력 맥주는 나무통에서 숙성된 맥주로, 느긋한 속도로 발효되는 효모를 사용해 에일을 만들어낸다. 말하자면 슬로우 브루잉이라고 할 수 있겠다. 세종은 트랜터가 가장 좋아하는 맥주로, 세종 아 라 프로비지옹은 그의 열정과 사랑의 산물이다. "이 맥주만을 위해 주문제작한 프랑스제 대형 오크통을 사용합니다. 일주일간의 1차 발효 이후 오크통에 옮겨 3개월간 숙성시키죠. '야생 효모'가 목재에서 번식하기 때문에 결과적으로 새로운 맥주를 담글 때마다 계속 진화하게 됩니다. 홈브루잉의 경우 와인 배럴을 갖고 있지 않다면 오크칩이나 인퓨전스파이럴을 불에 살짝 그을려 숙성에 사용해보세요. 우리가 사용하는 세종 효모와 브렛/락토 박테리아 조합은 다양한 재료에서 직접 채집해 배합한 것이라 시중에서 구입할 수는 없습니다. 브렛의 경우는 가급적 부드러운 것을 선택하는 편이 좋습니다."

곡물

필스너 몰트(Pilsner malt), 3.9kg/8lbs 9.6oz (85%)

밀 몰트(Wheat malt), 220g/7.8oz (5%)

스펠트밀 몰트(Spelt malt), 220g/7.8oz (5%)

카라골드(Cara Gold), 220g/7.8oz (5%)

당화

65℃에서 60분

홉

이스트켄트골딩스(East Kent Goldings) 3.75% AA, 25g/0.9oz, 75분

이스트켄트골딩스(East Kent Goldings) 3.75% AA, 12g/0.4oz, 15분

사츠(Saaz), 23g/0.8oz, 0분

셀레이아(Celeia), 23g/0.8oz, 0분

소라치 에이스(Sorachi Ace), 25g/0.9oz, 0분

효모

임의의 세종 균주: 1차 발효

브레타노마이세스(Brettanomyces): SG가 1.015일 때 첨가

락토바실러스(Lactobacillus): SG가 1.015일 때 첨가

발효

22℃에서 시작, 깔끔하고 페놀향이 적은 맥주를 만들려면 25℃로 자연 상승 허용.

BURNING SKY
SAISON
à la PROVISION
BURNING SKY
SAISON
à la PROVISION

Lagunitas Brewing Company

라구니타스 브루잉 컴퍼니

미국 캘리포니아 페탈루마

LITTLE SUMPIN' SUMPIN' | **리틀 섬핀 섬핀**

페일 위트 에일(Pale Wheat Ale)

20 L / **5** GAL | ABV **7.5%**
OG **1.070** | FG **1.016**

소노마 카운티는 꽤나 여유로운 곳이다. 산과 시내, 황홀한 태평양 연안의 해변, 느긋하기로 유명한 주민들과 맑고 따사로운 캘리포니아 북부 기후를 갖추고 있다. 1993년에 설립된 라구니타스 브루잉 컴퍼니의 본사도 이곳에 자리해 있다. 오랜 기간 동안 매주 목요일 오후, 정확히 4시 20분이면 사적인 시음 모임을 가졌다. 이러한 시간의 중요성을 이해한다면 당신은 소노마 카운티 주민들 못지않게 느긋한 사람이다. 오늘날 라구니타스는 미국의 대형 양조회사로 성장했지만 여전히 이곳의 맥주는 느긋한 한때에 잘 어울린다. 라구니타스의 IPA는 초창기 크래프트 맥주 혁명의 주된 동력이 되었던 미서부 해안 지역 맥주의 모범답안이라고 할 수 있다. 리틀 섬핀 섬핀은 밀 함량이 높아 입에 닿는 감촉이 비단처럼 부드럽고, 솔향을 머금은 홉의 폭발적인 아로마는 맛만큼이나 향도 뛰어나다는 것을 입증한다. 이 맥주를 만들 때는 당화 단계에서 매쉬를 조금 묽게 하고 맥즙의 흐름을 좋게 유지해 스파징 단계에서 맥즙이 잘 흐르도록 한다. 라구니타스에서는 리틀 섬핀 섬핀을 필터링 하여 판매하고 있다. 투명한 맥주를 원한다면 한 번 시도해 볼 것을 추천한다. 홈브루잉 용품점에 가면 필요한 장비를 구할 수 있을 것이다. 이 맥주는 홉 애호가(사실 그 무엇의 애호가일지라도)에게 안성맞춤이다.

곡물

두 줄 아메리칸 페일 몰트(2-row American pale malt), 3.23kg/7lbs 1.9oz (50%)

아메리칸 밀 몰트(American wheat malt), 2.46kg/5lbs 6.8oz (38%)

잉글리시 말린 밀(English torrified wheat), 720g/1lb 9.4oz (11%)

저먼 로스티드 밀 몰트(German toasted [roasted] wheat malt), 80g/2.8oz (1%)

당화

65.5℃에서 60분, 75℃에서 매쉬아웃

홉

너겟 펠렛(Nugget pellet) 9% AA, 9g/0.3oz, 90분

호라이즌 펠렛(Horizon pellet) 12.5% AA, 1.5g/0.05oz, 90분

서밋 펠렛(Summit pellet) 17.5% AA, 1.5g/0.05oz, 90분

윌라멧 펠렛(Willamette pellet)5.2% AA, 7g/0.2oz, 45분

샌티엄 펠렛(Santiam pellet) 5.6% AA, 23g/0.8oz, 15분

윌라멧 펠렛(Willamette pellet) 5.2% AA, 8g/0.3oz, 15분

캐스케이드, 센테니얼, 심코 펠렛(Cascade, Centennial and Simcoe pellets), 각각 20g/0.7oz씩, 드라이 호핑

치누크 펠렛(Chinook pellet, 24g/0.85oz), 드라이 호핑

콜럼버스 펠렛(Columbus pellet, 13g/0.4oz), 드라이 호핑

아마릴로 펠렛(Amarillo pellet, 15g/0.5oz), 드라이 호핑

효모

화이트랩 WP2002 잉글리시 에일 (White Labs WLP002 English Ale)

발효

17~18℃에서 36시간, 20℃에서 36시간, 이후 종료 시까지 21℃ 유지.

기타 재료

식수에 미네랄이 매우 적게 함유된 지역에 살고 있다면 식용석고(gymsum)를 약간 첨가할 것.

on it and keep ourselves elevated for a while. So, what's on the table?
LIMITED RELEASE
LAGUNITAS
64.20 I.B.U
O.G. 1.076
Alc. 7.5% by Vol.
a Little Sumpin'
Sumpin' ale
BREWED AND BOTTLED BY
THE LAGUNITAS BREWING COMPANY
PETALUMA, CALIF. & CHICAGO, ILL.

BERLINER-STYLE

Freigeist
프라이가이스트
독일 쾰른

KÖPENICKIADE | 쾨페니키아데
베를리너 바이세(Berliner Weisse)

20 L / **5** GAL | ABV **3.5%**
OG **1.037** | FG **1.010**

독일의 양조업계는 독보적으로 특이한 규제의 역사를 지녔다. 중세의 맥주순수령Reinheitsgebot은 오늘날에는 시행되지 않지만, 맥주 산업이 지역적으로 확고히 구분된 편이어서, 짭짤한 풍미의 고제gose 맥주는 라이프치히에서 생산되고, 알트비어altbier는 라인 강 하류 유역에서 생산되는 식이다. 쾰른의 혁신적인 소규모 브루어리 브라우슈텔레Braustelle는 과거에 대한 존경과 미래지향적인 태도를 동시에 가지고 있다. 실험적인 맥주를 생산해내는 하위 브랜드인 프라이가이스트(Freigeist, 독일어로 '자유로운 영혼'이라는 뜻이다)에서 나온 것이 바로 쾨페니키아데로, 베를리너 바이세를 현대적으로 재해석했다. 갈수록 인기를 더해가고 있는 이 맥주는 신맛이 돌고(락토박테리아의 영향이다), 개운하며(도수는 낮고 몰트는 가볍고 깔끔하다), 홉이 너무 강하지 않은 특징을 보인다. 이 맥주는 전통 양조법에서 사용하는 밀을 스펠트밀로 대체했는데, 글루텐 프리 곡물인 스펠트밀은 약간의 견과류 향미를 더한다. 이 레시피에서 요구하는 기술은 꽤나 어려운 편이다. 효모를 추가하기 전에 락토박테리아 스타터 용액을 만들어야 한다. 맥즙을 최적의 조건하에 두려면 pH4.5 미만으로 유지하고, 양조 진행 과정에서 높은 온도를 유지해줄 수 있어야 한다. 맥즙 분할은 전통적인 공법은 아니지만 결과물의 안정성과 예측가능성을 높여준다(맛은 좋게 유지하면서 말이다!). 이 스타일은 과일향과 궁합이 좋고, 병입 후 숙성도 잘 되는 편이다.

곡물

필스너 몰트(Pilsner malt), 1.52kg/3lbs 5.6oz (50%)

스펠트밀 몰트(Spelt malt), 1.1kg/2lbs 6.8oz (36%)

카라필스(Carapils), 430g/15.2oz (14%)

당화

63℃에서 30분, 72℃에서 30분, 78℃에서 매쉬아웃

홉

사피르(Saphir), 10g/0.35oz, 60분

사피르(Saphir), 10g/0.35oz, 0분

효모

퍼멘티스 K97 저먼 윗(Fermentis K97 German Wheat)

화이트랩 WLP677 락토바실러스 (White Labs WLP677 Lactobacillus)

발효

끓인 맥즙을 두 개의 발효조에 나누어 붓는다. 한쪽에는 퍼멘티스 K97을 (20℃), 다른 쪽에는 락토바실러스를 (35℃) 첨가한다. 1차 발효 후 2차 발효조에 두 맥즙을 한 번에 랙킹하여 섞는다. 20℃에서 10일 동안 둔다. 4℃ 조건에서 14일간 라거링시킨다.

Baladin

발라딘

이탈리아 피에몬테 파릴리아노

OPEN WHITE | 오픈 화이트

비에르 블랑슈(Biere Blanche)

20 L / **5** GAL | ABV **5%**
OG **1.051** | FG **1.016**

세계 어디를 뒤져 봐도 이탈리아보다 식음료를 진지하게 생각하는 나라를 찾기는 어렵다. 이탈리아인이라면 누구나 대지와 땅에서 나는 모든 것의 중요성을 이해하는 듯하다. 발라딘은 맥주업계를 대표하는 슬로푸드 운동가들이다. 창립자 테오 무소Teo Musso가 생산하는 맥주는 브루어리 근방에서 재배된 체리, 서양 배, 오렌지 꽃, 호박, 헤더 꿀을 함유하고 있으며, 식탁에서 다함께 즐길 수 있도록 1.5리터의 매그넘 사이즈로도 생산된다. 협동조합과 협업에도 관심이 있는 그는 '크라우드소싱'을 통해 맥주 브랜드인 오픈Open 시리즈를 만들기도 했다. 여기서 오픈 화이트가 등장하는 것이다. 이 맥주는 발라딘 버전의 비에르 블랑슈로, 전통적인 벨지안 비에르 블랑슈에 사용되는 원맥原麥뿐 아니라 몰트화된 밀도 함께 사용하며 드라이 호핑했다. 하지만 오렌지와 고수의 사용은 결과물을 벨지안 맥주와 가깝게 만들었고, 홉이 사용되기 이전부터 맥주 가향에 사용된 야생화 용담은 특유의 쓴맛을 가미한다. 이 레시피에는 청징제를 사용하지 않는 것이 좋다. 효모를 비롯한 약간의 부유물질로 인한 불투명성은 밀 맥주의 중요한 특성이며, 두텁고 폭신한 헤드를 생성하기 위해서는 탄산이 잘 녹아 있어야 하는데, 미세한 밀 입자는 이에 도움이 된다.

곡물

필스너 몰트(Pilsner malt), 4.17kg/9lbs 3.1oz (87%)

밀 몰트(Wheat), 440g/15.5oz (9%)

저먼 바이젠 몰트(German weizen malt), 180g/6.3oz (4%)

당화

50℃에서 당화 개시; 그 후 48℃에서 20분; 62℃에서 40분; 69℃에서 20분; 78℃에서 매쉬아웃.

홉

펄(Perle) 8% AA, 2g/0.07oz, 90분

펄(Perle) 8% AA, 3g/0.1oz, 45분

미텔프루(Mittelfrüh) 5% AA, 8g/0.3oz, 45분

펄(Perle) 8% AA, 3g/0.1oz, 0분

아마릴로(Amarillo) 8% AA, 12g/0.45oz, 드라이 호핑

효모

더블유이스트 3942 벨지안 위트(Wyeast 3942 Belgian Wheat)

발효

20℃, 이후 효모를 제거하고 드라이 홉과 2차 향신료 추가.
병입 전에 15~20일 동안 4℃로 냉각.

기타 재료

스위트오렌지 제스트 2g/0.07oz; 비터 오렌지 제스트 2g/0.07oz; 분쇄한 고수 씨앗 22g/0.77oz, 끓임 단계 마지막에 투하. 월풀 방식으로 30분간 휴지.

분쇄한 고수 씨앗 4g/0.14oz, 용담 뿌리 1g/0.03oz, 드라이 홉을 발효 마지막 단계에 첨가.

baladin
OPEN
white
la birra artigianale

CROOKED
Burgundy Sour
Aged in Oak

Crooked Stave Artisan Beer Project

크루키드 스테이브 아티잔 비어 프로젝트

미국 콜로라도 덴버

ORIGINS | 오리진스

버건디 사우어 에일(Burgundy Sour Ale)

20 L / **5** GAL | ABV **6.5%**
OG **1.053** | FG **1.006**

크래프트 맥주 업계가 신맛Sourness의 힘을 실감하기 시작하는 지금, 전통적인 벨기에 및 프랑스 스타일 맥주를 현대적으로 재현하는 작업에 있어 선봉장격인 이름이 있다. 바로 크루키드 스테이브의 창립자인 채드 야콥슨Chad Yakobson으로, 수년간 발효과학을 공부한 끝에 2010년에 이 브루어리를 설립했다(그의 탁월한 통찰력을 엿보려면 인터넷에서 그의 박사학위논문을 찾아 읽어보자). 신비로운 브렛 효모와 그 친척뻘인 야생 균주들에 대해 그만큼이나 잘 알고 있는 사람은 많지 않으며, 그가 생산하는 맥주는 열렬한 존경을 받으며 엄청나게 팔려 나간다. 야콥슨이 만드는 맥주는 어려울 때도 있지만 언제나 섬세하고 수준이 높으며, 전통에 대한 경의와 진보에 대한 끊임없는 열망으로 빚어진다. 오리진스는 야콥슨이 재해석한 고전적인 플랜더스 레드에일(벨기에 플랜더스 지역에서 유래한 사우어 맥주)이다. 할러타우Hallertau나 마운트 후드Mt Hood 같은 신대륙산 홉처럼 저알파산 홉을 고수하는 것이 좋다. 쓴맛은 피하도록 하자. 1차 발효 이후에는 숙련된 기술과 시간이 필수다. 플랜더스 레드에일 맥주는 고유의 신맛과 과일향, 와인 노트를 오랜 오크 배럴 숙성을 통해 얻고(유리 발효조에 오크칩을 넣어 숙성시켜도 무방), 그 다음에는 일반적으로 따로 양조된 맥주를 블렌딩해 극단적인 맛의 균형을 잡고 복합성을 극대화한다. 이 작업은 경험이 쌓일수록 쉬워진다.

곡물

두 줄 페일 몰트(2-row pale malt), 1.65kg/3lbs 10oz (35%)

비엔나 몰트(Vienna malt), 1.65kg/3lbs 10oz (35%)

카라헬(Carahell), 660g/1lb 7.3oz (14%)

카라뮈닉(Caramunich I), 330g/11.6oz (7%)

스페셜B 몰트(Special B malt), 330g/11.6oz (7%)

카라파 스페셜 II(Carafa Special II), 90g/3.2oz (2%)

당화

65℃에서 시작. 30분 동안 휴지.
10분 동안 재순환.
75~76℃에서 10분간 매쉬아웃.

홉

(90분 동안 끓인다)

6% AA 홉, 11g/0.4oz, 퍼스트워트호핑

6% AA 홉, 11g/0.4oz, 30분

효모

1차 발효 시에는 깔끔한 균주를 사용한다. 이후 브렛과 락토 박테리아 혼합 배양액 추가.

발효

깔끔한 1차 발효를 위해 에일 표준 온도를 준수한다. 이후 오크를 이용해 17~19℃에서 12~18개월간 숙성.

배럴 숙성을 오래 할수록 병입 단계 전에 더 많은 효모(강력하지만 깔끔한 종류로)를 첨가할 필요가 있다.

Red, amber & rye
레드, 앰버, 호밀

캐러멜 몰트는 맥주에 짙은 갈색을 입히고 따뜻하며 갓 구운 듯한 훈훈한 향미를 더해준다. 호밀은 소량만 더해도 금방 알아챌 수 있을 만큼 구수하고 스파이시한 특색을 지니며, 크래프트 맥주업계에서 빠르게 부상하고 있다. 뚜렷한 몰트 풍미와 중간 정도의 도수를 가진 앰버는 라거와 에일 사이에 둘 수 있겠다.

Anchor Steam
ANCHOR BREWING CO., SAN FRANCISCO, CA. FROM ALL BARLEY MALT
ANCHOR STEAM BEER
Made in San Francisco since 1896

Anchor Brewing

앵커 브루잉

미국 캘리포니아 샌프란시스코

ANCHOR STEAM BEER | 앵커 스팀 비어

스팀비어/캘리포니아 커먼(Steam Beer/California Common)

20 L / **5** GAL | ABV **4.5%**
OG **1.050** | FG **1.016**

앵커 브루잉의 역사는 미국 크래프트 맥주의 역사나 진배없다. 1896년, 독일 출신 브루어가 캘리포니아에 이 브루어리를 설립할 때만 해도 모든 맥주는 크래프트 맥주, 즉 수제맥주였다. 다른 공법은 존재하지 않았다. 금주령으로 인해 1920년부터 활동이 제한되었고, 1950년대 후반에는 맥주 소비 습관이 대량생산된 라거로 변화되면서 하마터면 없어질 위기에 처하기도 했다. 그러나 (우리에게) 다행스럽게도 앵커 브루잉은 지금까지도 그 명맥을 유지하고 있으며, 과거 어느 때보다 큰 인기를 누리고 있다. 설립자의 개척 정신을 그대로 물려받은 듯, 사랑스러울 만큼 예스러운 이 샌프란시스코 브루어리에서는 뛰어난 맥주가 생산된다 – 리버티 에일Liberty Ale은 전 세계에서 큰 인기를 누리는 아메리칸 IPA의 전신이라 할 수 있으며, 캘리포니아 라거California Lager는 19세기 서부 개척자들이 마셨음직한 맥주 맛을 구현한다. 앵커 브루잉의 명성을 있게 한 앵커 스팀은 거의 사라졌던, 전통적인 캘리포니아 커먼 스타일을 1970년대에 재현한 것이다. 자체 효모 균주와 앵커스팀의 맛 프로파일을 위해 맞춤 배합된 홉 블렌드(민트와 솔향이 특징적인 US Northern Brewer)를 사용한다. 앵커 스팀 비어에는 역사가 그대로 녹아 들어있는 셈이다.

곡물

두 줄 페일 몰트(2-row pale malt), 4.1kg/9lbs 0.6oz (87%)

크리스탈 40L 몰트(Crystal 40L malt), 600g/1lbs 5oz (13%)

당화

65℃에서 60분

홉

US 노던 브루어 펠렛(US Northern Brewer pellets) 9.6% AA, 14g/0.5oz, 60분

US 노던 브루어 펠렛(US Northern Brewer pellets) 9.6% AA, 7g/0.25oz, 20분

US 노던 브루어 펠렛(US Northern Brewer pellets), 9.6% AA, 14g/0.5oz, 0분

효모

화이트랩 WLP810 샌프란시스코 라거(White Labs WLP810 San Francisco Lager), 또는 더블유이스트 2112 캘리포니아 라거(Wyeast 2112 California Lager)

발효

16℃에서 7일 동안, 이후 19℃에서 3일 동안, 그리고 음용하기 전에 약 2주간 냉장 보관한다.

Saint Arnold Brewing Company

세인트 아놀드 브루잉 컴퍼니

미국 텍사스 휴스턴

BLUE ICON | 블루 아이콘

라이 IPA(Rye IPA)

20 L / **5** GAL | ABV **7.8%**
OG **1.067** | FG **1.013**

이 책에 등장하는 여러 명의 '홈브루어 출신 양조업자' 중 한 명인 브록 와그너Brock Wagner는 투자은행가로 활약했던 1994년 세인트 아놀드를 설립했다. 오늘날 이 브루어리는 텍사스에서 가장 오래된 크래프트 맥주 브루어리지만 신제품을 출시할 때마다 변함없이, 한정판 아이콘Icon 시리즈를 출시할 때는 더더욱, 뜨거운 호응을 받고 있다. 와그너는 맥주 양조와 경영 마인드를 접목하여 처음에는 텍사스 전역에, 이윽고 미국 남부를 거쳐 플로리다까지 체인을 설립했다. 훌륭한 사업 계획이 있다 한들 훌륭한 맥주가 이를 받쳐주지 못하면 서류상의 숫자 장난일 뿐이겠지만, 세인트 아놀드는 두 마리 토끼를 성공적으로 잡아왔다. 여기 소개할 맥주는 아이콘 시리즈의 일원으로, 바이어만 라이 몰트와 그보다 더 짙고 깊은 카라라이, 이 두 종류 호밀을 사용하여 모난 데 없이 스파이시한 맛을 낸다. 하지만 호밀이 맛의 전부는 아니다. 브리스 빅토리는 아주 살짝 구워낸 비스킷 몰트로서 색을 진하게 입히지 않으면서 '구운 빵' 맛을 입힌다. 홉을 넉넉히 추가하는 것으로 (특히 마지막 단계의 모자이크 홉) 미국 서부 맥주의 특성이 잘 살아난다. 드라이 호핑을 두 번 한다는 점을 유의하자. 발효가 막 끝난 후, 다음에는 콜드크래시 단계에서 드라이 호핑을 함으로써 홉의 아로마를 더 많이 남길 수 있게 된다.

곡물

라 두 줄 페일 몰트(Rahr 2-row pale malt), 5.44kg/12 lbs (79%)

바이어만 라이 몰트(Weyermann rye malt), 900g/2lbs (13%)

바이어만 카라라이(Weyermann CaraRye), 340g/12oz (5%)

브리스 카라필스(Briess Carapils), 114g/4oz (1.5%)

브리스 빅토리(Briess Victory), 114g/4oz (1.5%)

당화

67℃에서 60분

홉

(60분 동안 끓인다)

콜럼버스(Columbus) 16.3% AA, 34g/1.2oz, 퍼스트워트 호핑

심코(Simcoe) 13% AA, 8.5g/0.3oz, 15분

치누크(Chinook) 10.5% AA, 6g/0.2oz, 15분

치누크(Chinook) 10.5% AA, 21g/0.75oz, 0분

캐스케이드(Cascade) 6.5% AA, 21g/0.75oz, 0분

모자이크(Mosaic) 11.5% AA, 64g/2.25oz, FG의 2~3 SG 포인트 이내로 따뜻할 때 드라이 호핑

모자이크(Mosaic) 11.5% AA, 14g/0.5oz, 포장 5일 전에 식혀서 드라이 호핑

효모

화이트랩 WLP007 드라이 잉글리시 에일(White Labs WLP007 Dry English Ale)

발효

21℃, 포장하기 전에 7일 동안 0℃에서 콜드 크래시

SAINT ARNOLD®

present
Caterpillar
Pale Ale
e 33 cl

Brewfist
브루피스트
이탈리아 롬바르디아

CATERPILLAR | 캐터필러
호밀을 사용한 아메리칸 페일 에일(American Pale Ale with Rye)

20 L / **5** GAL | ABV **5.8%**
OG **1.055** | FG **1.011**

브루피스트는 발라딘(74쪽)과 델 두카토(168쪽)와 함께 이탈리아가 유럽 크래프트 맥주업계에서 최고 권위를 가진다는 것을 증명한다. 브루피스트는 다른 둘에 비해 이탈리아의 특수성은 덜한 편이다. 이름처럼 강인한 이미지의 브루피스트는 스페이스먼 IPASpaceman IPA나 엑스레이 임페리얼 포터X-Ray imperial porter 같은 아메리칸 에일에 중점을 두며, 프레리Prairie나 투올To Øl 등 명성 높은 크래프트 맥주 회사와의 협업도 진행한다. 캐터필러는 덴마크의 비어 히어Beer Here 브루어리와 협업하여 만들어낸 결과물로, 『이상한 나라의 앨리스』에서 영감을 받았다. 수지성resinous 향미의 US콜럼버스US Columbus와 열대 시트러스향의 뉴질랜드산 모투에카Motueka 등 풍성한 홉과 강렬한 몰트의 조합은 퍽 성공적이다. 맥주에 호밀을 소량 더하는 것만으로도 독특한 개성을 부여할 수 있는 좋은 예다. 호밀을 10% 정도 섞으면 부드럽고 구수하며 드라이한 스파이시함이 더해지며, 비율을 높이면 그 특성이 더욱 두드러진다.

* 캐터필러를 위한 조언 한 마디: 이 맥주는 처음 홈브루잉을 시작할 때 시도해보기 좋은 맥주다. 홉은 두 종류만 재치 있게 사용하면서도 양조의 재미를 엿볼 수 있을 만큼 적당히 복잡하기 때문이다.

곡물

페일 에일 몰트(Pale ale malt), 3.96kg/11.7oz (80%)

호밀 몰트(Rye malt), 500g/1lb 1.6oz (10%)

카라 몰트(Caramalt), 300g/10.6oz (6%)

크리스탈 몰트(Crystal malt) 10L, 100g/3.5oz (2%)

밀 몰트(Wheat malt), 100g/3.5oz (2%)

당화

66℃에서 45분, 78℃에서 5분

홉

모투에카(Motueka) 30g/1.06oz, 10분

콜럼버스(Columbus) 8g/0.28oz, 10분

모투에카(Motueka) 30g/1.06oz, 월풀

콜럼버스(Columbus) 8g/0.28oz, 월풀

모투에카(Motueka) 30g/1.06oz, 드라이 호핑

콜럼버스(Columbus) 15g/0.53oz, 드라이 호핑

효모

단스타 노팅엄에일 (Danstar Nottingham Ale)

발효

20℃

Two Birds Brewing

투 버즈 브루잉

호주 빅토리아 스포츠우드

맥주는 남자의 음료라는 종래의 유감스러운 이미지 때문에 양조업 역시 남성적인 분야라는 편견이 존재한다. 하지만 이는 사실이 아니다. 당화와 끓이기에 열중하는 여성들은 세계 각지에 있고, 크래프트 맥주업계 특유의 개방적인 태도가 소비자와 생산자 양측에 존재하는 진입장벽을 무너뜨리길 바랄 따름이다. 그렇긴 해도 여성이 설립하고 여성이 운영하는 브루어리는 아직 보기 드문 것도 사실이다. 제인 루이스Jayne Lewis와 다니엘 앨런Danielle Allen은 미국 서부 지역의 크래프트 맥주의 명산지를 인상 깊게 여행한 후 2011년 투 버즈 브루잉을 설립했다. 이후 2014년에는 멜번 근교에 위치한 스포츠우드에 전용 브루어리 겸 테이스팅룸인 더 네스트The Nest를 만든다. 이곳의 맥주를 맛보고 나면 뛰어난 맛 탓에 두 명의 호주 여성이 만들었는지, 아니면 두 마리의 새가 만들었는지 모를 정도이다. 이들의 성공은 주력 맥주 상품인 골든 에일Golden Ale, 선셋 앰버 에일Sunset amber ale, 타코 비어Taco Beer를 중심으로 하는 라인업에 있다. 타코 비어는 밀, 옥수수, 라임, 고수로 만들었으며 재료에서 상상할 수 있는 만큼이나 매력적이다.

브루어리의 테이스팅룸에서는 루바브를 첨가한 세종이나 바닐라와 카카오를 넣은 레드 에일 등 조금 더 특이한 맥주를 찾아볼 수 있다. 하지만 일관성이 없다면 실험 정신이 무슨 소용이겠는가? 아직 크래프트 맥주를 즐기지 않는 99%를 승복시키는 것은 포트배럴에서 숙성시킨 스파이시한 트리펠 맥주가 아니요, 힘든 하루의 끝에 선택하는 것은 IBU 120짜리 임페리얼 IPA 또한 아닐 것이다. 투 버즈 브루잉은 전문가를 위한 맥주가 아닌, 모두를 위한 맥주를 만든다. 이런 맥주를 만들면서 수많은 상을 독식하고 해마다 규모를 확장하는 일은 지속적으로 신 메뉴를 개발하는 것보다 어렵다고 해도 과언은 아니다.

TWO BIRDS.
BREWING
TWO BIRDS.
BREWING

TWO BIRDS.
SUNSET ALE
HANDCRAFTED & FULL FLAVOURED
4.6% ALC/VOL
330mL

Two Birds Brewing

투 버즈 브루잉

호주 빅토리아 스포츠우드

SUNSET ALE | 선셋 에일

레드 에일(Red Ale)

20 L / **5** GAL | ABV **4.6%**
OG **1.048** | FG **1.014**

선셋 에일은 제인과 다니엘이 투 버즈 브루잉을 설립하고 나서 두 번째로 개발한 맥주다. 아메리칸 레드 에일 혹은 앰버 에일에 해당하는데(두 종류의 차이를 두고 갑론을박하는 일은 큰 가치가 없다), 그보다는 선셋이라는 이름이 그 색깔을 훨씬 잘 설명한다. 이를테면 양치기를 기쁘게 하는 색깔이다. 뮈닉몰트와 앰버몰트가 제공하는 진하고 풍성한 비스킷과 캐러멜 풍미와 미국산 및 호주산 홉을 배합한 시트러스향으로 호주 현지에서 수많은 상을 수상했다. 앰버 에일이나 레드 에일은 페일 에일에 비해 묵직한 바디감과 적극적인 몰트향미를 추구하지만, 갈증을 해소해주고 균형이 잘 잡히는 면은 공통적이다. 서머 에일 스타일과 함께, 더운 호주 날씨에 안성맞춤이다. 곡물 혼합물에 들어가는 밀은 선셋 에일의 거품이 마지막 한 방울까지 꺼지지 않고 유지되는 것을 돕는다. 끓임 단계 마지막에 추가되는 시트라, 캐스케이드, 갤럭시 홉은 향긋한 시트러스 마무리향을 이끌어낸다. 투 버즈 중 한 마리를 담당하는 제인은 이전에 마운틴고트Mountain Goat의 헤드 브루어를 지냈는데, 마운틴고트의 하이테일Hightail과 투 버즈의 선셋 에일은 호주산 세션 에일의 장점을 아주 잘 보여준다.

곡물

트래디셔널 에일 몰트(Traditional ale malt), 2.71kg/5lbs 15.6oz (63%)

뮈닉 몰트(Munich malt), 640g/1lb 6.6oz(15%)

페일 크리스탈 몰트(Pale crystal malt), 340g/12oz (8%)

앰버 몰트(Amber malt), 210g/7.1oz (5%)

밀 몰트(Wheat malt), 210g/7.1oz (5%)

다크 크리스탈 몰트(Dark crystal malt), 80g/2.8oz (2%)

로스티드 몰트(Roasted malt), 80g/2.8oz (2%)

당화

67~68℃에서 40분

홉

센테니얼(Centennial), 2g/0.07oz, 60분

시트라(Citra), 7g/0.2oz, 20분

캐스케이드(Cascade), 7g/0.2oz, 20분

갤럭시(Galaxy), 7g/0.2oz, 20분

시트라(Citra), 5g/0.15oz, 월풀 후반

캐스케이드(Cascade), 5g/0.17oz, 월풀 후반

갤럭시(Galaxy), 5g/0.17oz, 월풀 후반

시트라(Citra), 13g/0.4oz, 드라이 호핑

캐스케이드(Cascade), 13g/0.4oz, 드라이 호핑

갤럭시(Galaxy), 13g/0.4oz, 드라이 호핑

효모

퍼멘티스 US-05 아메리칸 에일 (Fermentis US-05 American Ale)

발효

18℃

Brú

브루

아일랜드 카운티미스 트림

RUA | 루아

아이리시 레드 에일(Irish Red Ale)

20 L / **5** GAL | ABV **4.2%**
OG **1.044** | FG **1.011**

이 브루어리의 이름을 읽는 법은 당신이 상상하는 바와 같다. 우연찮게 맥주에 잘 어울리는 이 이름은 더블린의 북쪽에 있는 미스 카운티에 위치한 선사시대 무덤 유적의 게일어 이름 'Bru na Boinne'에서 유래했다. 그 역사가 길지는 않지만 활기차게 발전중인 아일랜드의 크래프트 맥주업계에서 브루는 전통에 집중하는 한편 세계 지향적인 태도도 잊지 않는다. 전 세계에서 알아주는 아이리시 드라이 스타우트를 재해석한 더브(Dubh, 게일어로 검정색)나 이 레드 에일을 마실 기회가 있기를 바란다. 아이리시 레드 에일은 스코티시 에일과 비슷한 독특한 스타일의 맥주로 잉글리시 비터 에일보다 크리미한 맛을 자랑한다. 한 번에 많이 마실 수 있을 만큼 부드러우며, 페일 크리스탈 몰트와 다크 크리스탈 몰트의 배합을 통해 진한 구릿빛이 돈다. 일반적으로 아이리시 레드 에일은 화려한 홉의 사용과는 거리가 있는 편이지만 브루의 루아 맥주는 고전적인 US 캐스케이드 홉의 과일과 꽃 향미를 이용해 현대적인 변주를 만들어냈다. 교과서적인 제조법은 아닐지 모르지만, 그것이 크래프트 맥주의 묘미 아닌가. 브루의 브루어들은 맥주의 색을 밝게 유지하기 위해 끓임 단계의 마지막 10분간 아이리시 모스를 4티스푼 사용하길 추천한다. "25℃에서 발효하면 에스테르 형성이 잘 되어 홉 아로마가 풍부해지고 맛이 좋아집니다."

곡물

아이리시 페일에일 몰트(Irish pale ale malt), 3.47kg/7lbs 10oz (86%)

크리스탈(Crystal) 150L malt, 280g/9.9oz (7%)

말린 밀(Torrified wheat), 280g/9.9oz (7%)

당화

70℃에서 60분

홉

매그넘(Magnum), 27g/0.95oz, 60분

캐스케이드(Cascade), 20g/0.7oz, 10분

캐스케이드(Cascade), 20g/0.7oz, 0분

효모

단스타 노팅엄에일(Danstar Nottingham Ale)

화이트랩 WLP039 노팅엄에일(White Labs WLP039 Nottingham Ale)

발효

25℃

BREWERS RESERVE
LA
RYE IPA
NET CONTENTS 0,33 L
8,5%

Lervig Aktiebryggerie

럴빅 악티브리게리

노르웨이 스타방에르

RYE IPA | 라이 IPA

라이 IPA(Rye IPA)

20 L / **5** GAL | ABV **8.5%**
OG **1.076** | FG **1.013**

마이크 머피Mike Murphy는 유럽의 브루어들 중 여행 경력으로는 으뜸이라 할 수 있다. 우선 그는 미국에서 가장 깐깐한 주류법을 가진 펜실베이니아 출신이다. 홈브루잉으로 시작한 그는 이탈리아와 덴마크에서 경력을 쌓았고(미켈러에서 근무했다), 노르웨이 남서부 럴빅 브루어리의 헤드 브루어가 되어 이곳을 노르웨이 최대 그리고 최고 규모의 브루어리로 자리매김하는 데 일조했다. 스칸디나비아 지역에서 흔히 그렇듯 럴빅 역시 다른 브루어리와 여러 번 협업을 했다(154쪽, 럴빅과 포할라 브루어리가 함께 만든 임페리얼 포터 참조). 지금은 가장 인기 있는 필스너 맥주에서부터 럭키 잭 APALucky Jack APA, 그리고 이 라이 IPA에 이르기까지, 노르웨이산 맥주를 세계 크래프트 맥주 지도에 올려놓는 데 여념이 없다. 여기 보이는 라이 IPA는 더블 IPA라 할 수 있을 만큼 도수가 높은 편이다. 그러나 높은 알코올 함량은 홉의 쓴맛과 독특한 호밀 향미가 상쇄한다. 호밀을 50% 가까이 사용하는 레시피도 있지만 여기서는 20%에 약간 못 미치는 함량으로 드라이함과 스파이시함을 절묘하게 보여준다. 몰트를 조금 더 곱게 갈아 사용하기도 한다.

곡물

필스너 몰트(Pilsner malt), 4.93kg/10lbs 13.9oz (75%)

호밀 몰트(Rye malt), 1.27kg/2lbs 12.8oz (19%)

귀리(Oats), 200g/7oz (2%)

크리스탈 몰트(Crystal malt) 10L, 130g/4.6oz (2%)

크리스탈 몰트(Crystal malt) 150L, 130g/ 4.6oz (2%)

당화

61℃에서 개시, 68℃에서 45분, 78℃에서 매쉬아웃

홉

65 IBU 이하의 좋은 비터링 홉, 즉 10% AA 홉 65g/2.3oz, 60분

센테니얼(Centennial), 24g/0.8oz, 30분

치누크(Chinook), 29g/1oz, 15분

시트라(Citra), 29g/1oz, 10분

심코(Simcoe), 29g/1oz, 0분

심코, 시트라, 센테니얼(Simcoe, Citra, Centennial), 각각 29g/1oz, 드라이 호핑

효모

아메리칸 에일 균주(An American ale strain)

발효

20℃

MOUNTAIN
BEER
GOAT
Hightail Ale
330mL

Mountain Goat Beer

마운틴고트 비어

호주 빅토리아 리치몬드

HIGHTAIL ALE | 하이테일 에일

브리티시 스타일에서 영감을 얻은 페일에일(British-inspired Pale Ale)

20 L / **5** GAL | ABV **4.5%**
OG **1.043** | FG **1.009**

호주 사람들은 영국에서 발명된 것을 손쉽게 개량 및 발전시키고는 한다. 그 대표적인 예로 크리켓이 있고, 또 다른 예로는 여기 이 마운틴고트 브루어리의 하이테일 에일이 있겠다. 빅토리아 주에 위치한 이 브루어리는 전형적인 브리티시 비터에 변형을 주어 멋진 세션 맥주로 탄생시켰다. 전통적인 따뜻한 몰트와 프라이드 오브 링우드(Pride of Ringwood, 오세아니아 지역에서 널리 사용되는 초기 첨가 홉) 같은 신대륙의 플로랄 홉을 대량 첨가하면서 균형감을 완벽하게 유지한다. 크리스탈몰트 블렌드와 소량의 밀 덕분에 바디감도 묵직하다. 1997년에 설립된 마운틴고트는 호주 뉴웨이브 크래프트 맥주 브루어리 중에서도 역사가 오래된 편으로, 하이테일 에일, 뉴 월드 서머 에일New World Summer Ale, 팬시 팬츠 앰버 에일Fancy Pants Amber ale 등 무난하게 마실 수 있는 맥주를 오랜 시간 수정하고 다듬어 왔다. 멜버른 내륙 지역을 방문할 일이 있다면 필히 리치몬드의 고트 바Goat Bar에 방문하여 모든 종류를 시음해보자 – 여기에 더해 한정판 레어 브리드Rare breed 에디션에도 도전해보라. 이곳의 브루어인 데이브는 이렇게 조언한다. "탄산 첨가는 조심스레 하고 신선할 때 드세요." 하이테일은 크리켓 경기를 보며 마시기에 딱 좋다.

곡물

페일 몰트(Pale malt), 2.55kg/6lbs 6.3oz (69%)

뮤닉 몰트(Munich malt), 510g/1lb 2oz (14%)

미디움 크리스탈 몰트(Medium crystal malt), 240g/8.5oz (8.5%)

밀 몰트(Wheat malt), 200g/7oz (5.5%)

다크 크리스탈 몰트(Dark crystal malt), 80g/2.8oz (2%)

로스티드 몰트(Roasted malt), 30g/1.1oz (1%)

당화

67.5℃에서 30분

홉

프라이드 오브 링우드(Pride of Ringwood), 20g/0.7oz, 60분

캐스케이드(Cascade), 50g/1.76oz, 0분

갤럭시(Galaxy), 10g/0.35oz, 0분

효모

더블유이스트 1056 아메리칸 에일 (Wyeast 1056 American Ale)

발효

21℃

Pale ale, IPA & lager

페일 에일, IPA, 라거

페일 에일은 향긋한 홉을 자랑하며 균형이 잘 잡혀 있고 무난하게 마실 수 있다. IPA는 조금 더 홉이 강하고 도수도 높다. 긴 항해 기간 동안 신선하게 유지하려면 홉이 중요했기 때문이다. 라거는 맑고 개운하며 보통 하면 발효 효모로 만들어진다.

Evil Twin

이블 트윈

미국 뉴욕 브루클린

BIKINI BEER | 비키니 비어

아메리칸 IPA(American IPA)

20 L / **5** GAL | ABV **2.7%**
OG **1.026** | FG **1.006**

집시 브루어리의 선두주자격인 덴마크의 '사악한 쌍둥이'는 예페 야닛 비야르쇠Jeppe Jarnit-Bjergsø를 가리킨다. 그의 쌍둥이 형제인 미켈 보리 비야르쇠Mikkel Borg Bjergsø는 유명한 미켈러Mikkeller의 설립자다. 현재 이 둘 사이에는 대양大洋이 놓여 있다. 예페가 상상력과 모험심을 넘치도록 발휘한 그의 맥주를 뉴욕 브루클린에서 제작하기 때문이다. 놀랍도록 높은 생산성의 결과물에는 탤런티드 미스터 오랑우탄 오렌지 스타우트The Talented Mr. Orangutan ornage stout와 라이언 앤 더 고슬링 페일 에일Rayn and The Gosling pale ale 등이 있다. 여기에서 소개하는 비키니 비어는 아침식사용 맥주라기보다는 침대 옆의 작은 테이블 위에 두고 마시는 맥주에 가깝다. 도수는 2.7%로 낮은 편이라 강렬한 홉의 첫맛을 숨겨준다. 심코, 시트라, 소라치 에이스를 포함해 다수의 홉 펠렛이 포함되어 아로마가 무척 풍부한, 퍼시픽 노스웨스트Pacific Northwest사의 홉 블렌드 팔코너스 플라이트Falconer's Flight가 풍성한 홉 향미를 담당한다. 종일 마실 수도 있는 여름용 맥주에 속한다. 예페의 맥주 양조 철학은 배울 것이 많다. "양조에 대한 나의 생각은 매우 간단합니다. 과정 자체에는 별로 신경을 쓰지 않습니다. 어느 효모를 쓸지, 맞는 방식을 적용하고 있는지는 중요하지 않죠. 유일하게 신경 쓰는 한 가지는 결과물입니다. 그러니까 어떤 맥주가 나오느냐의 문제이죠."(2011년 진행된 인터뷰에서)

곡물

캐내디언 필스너 몰트(Canadian pilsner malt), 1.75kg/3lbs 13.7oz (66%)

토마스 포셋 페일크리스탈 몰트(Thomas Fawcett pale crystal malt) 27L, 300g/10.6oz (11%)

바이어만 카라폼(Weyermann Carafoam), 250g/8.8oz (10%)

바이어만 또는 베스트 뮈닉 몰트(Weyermann or Best Munich malt) 10L, 250g 8.8oz (10%)

귀리 플레이크(Flaked oats), 75g/2.6oz (3%)

당화

67℃에서 20분, 69℃에서 20분, 76℃에서 매쉬아웃

홉

심코(Simcoe) 13% AA, 23g/0.8oz, 60분

심코(Simcoe), 10g/0.35oz, 15분

캐스케이드(Cascade), 10g/0.35oz, 15분

팔코너스 플라이트(Falconer's Flight) 펠렛, 20g/0.7oz, 5분

팔코너스 플라이트(Falconer's Flight) 펠렛, 10g/0.35oz, 1분

팔코너스 플라이트(Falconer's Flight) 펠렛, 34g/1.2oz, 드라이 호핑

심코(Simcoe), 17g/0.6oz, 드라이 호핑

효모

더블유이스트 1056 아메리칸 에일 (Wyeast 1056 American Ale)

발효

21℃

EVILTWIN
BREWING
BIKINI
BEER
12 FL OZ.
INDIA PALE ALE

Gigantic Brewing Co.

자이갠틱 브루잉 컴퍼니

미국 오리건 포틀랜드

훌륭한 브루어가 되는 데는 한 가지 문제가 있다. 모두가 사랑하는 맥주를 만들었다고 하자. 그러면 그 맥주를 더 많이 만들게 된다. 더, 그리고 더, 계속해서 만들 것이다. 정신 차려 보면 똑같은 맥주만 반복해서 생산하고 있을 테다. 이 문제 때문에 재능 있는 수많은 크래프트 맥주 브루어들이 실험을 즐겨하는 것이다. 어디까지 맥주라고 할 수 있을까, 그 한계를 시험한다. 포틀랜드의 몇몇 노련한 브루어들은 색다른 해결책을 내놓았다. 맥주를 몇 종류 만들고 다 팔리면 새로운 맥주를 만드는 것이다. 그러면 권태기를 겪을 일도 없다. "이전의 맥주도 맛이 좋긴 했지만, 이번 맥주는 더 맛있을 거예요"라는 자신감이 요구된다. 자이갠틱은 지나간 맥주의 레시피를 인터넷에 공유한다. 이 얼마나 자신감을 필요로 하는 일인가! 맥주업계에서 수십 년 넘게 활동한 설립자 벤 러브Ben Love와 반 하빅Van Havig은 초심으로 돌아가서 관리 경영이 용이한 소규모 자이갠틱 브루어리를 만들었다. 이로써 그들은 맥주 생산 과정에서 가장 재미있는 부분인 양조 자체에 집중할 수 있게 되었다. 그들의 3번 맥주는 짙고 강한 벨지안 에일 더 엔드 오브 리즌The End of Reason이었다. 이후 만든 24번 맥주 파이프렌치Pipewrench는 진 배럴에 숙성시킨 IPA였다. 또다시 확 달라진 모습의 16번 맥주는 잉글리시 페일 에일이다.

단지 맥주만 달라지는 것은 아니다. 보틀 라벨도 매번 새롭게 제작된다. 포틀랜드 디자인 미술관의 공식 맥주 후원업체인 만큼 훌륭한 디자인을 자랑한다. 매번 다른 예술가가 라벨을 제작한다. 맥주병 라벨 생산에 있어 가장 고효율의 방법은 아닐지라도 가장 멋진 방법이라는 데에는 이견이 없다.

BREWING
GINORMOUS
IMPERIAL IPA

Gigantic Brewing Co.

자이갠틱 브루잉 컴퍼니

미국 오리건 포틀랜드

GINORMOUS | 자이노머스

임페리얼 IPA(Imperial IPA)

20 L / **5** GAL | ABV **8.8%**
OG **1.078** | FG **1.012**

자이노머스 아메리칸 임페리얼 IPA는 자이갠틱에서 연중 생산하는 맥주 중 하나다. 단연 그 이름에 걸맞은 맥주다. 홉을 전면에 내세우며, 저마다 다른 개성을 가진 일곱 종류의 홉이 서로 경쟁하며 우리를 유혹한다. 그러므로 이 레시피는 처음 양조에 도전하는 사람이 고를 만한 것은 아니다. 무게 기준으로 보면 대량의 몰트가 들어가지만, 이 맥주가 추구하는 것은 균형 잡힌 맛은 아니다. 설탕은 도수를 높이기 위해 첨가되고, 응당 드라이해야 할 IPA의 맛을 몰트의 단맛이 방해하지 않도록 한다. 헤비그레인(보리나 밀에 비해 밀도가 높은 곡물)은 세심한 주의를 기울여 다루어야 한다. 그리고 드라이 호핑을 많이 하게 되므로 홉에 흡수되어 손실되는 맥즙의 양이 많다. 자이갠틱의 설립자 벤은 끓이기 마지막 단계에서의 IBU에 대해 중요한 지적을 한다. "레시피 초반에는 가벼운 홉을, 마지막에는 무거운 홉을 사용합니다. 끓임 단계 마지막에 넣는 대량의 고알파산 홉은 IBU를 높이게 됩니다. 특히나 불을 끈 다음 식히기 전까지 45분 동안이나 홉을 방치한다면 말이지요." 45분짜리 홉 스탠드라? 전문가인 벤의 의견을 귀담아 듣자. 효모도 아껴서는 안 된다. 혹시 모르니 정량보다 약간 더(대략 반 봉지 정도) 넣어도 괜찮다. 스타터 용액을 만드는 것도 좋은 방법이다.

곡물

그레이트 웨스턴 노스웨스트 페일 에일 몰트(Great Western Northwest Pale Ale Malt), 5.7kg/12lbs 9oz (89%)

바이어만 뮈닉 몰트(Weyermann Munich malt I), 270g/9.5oz (4%)

당화

65℃에서 60분

홉

매그넘(Magnum), 12g/0.4oz, 90분

캐스케이드(Cascade), 80g/2.8oz, 15분

캐스케이드(Cascade), 55g/1.9oz, 0분

크리스탈, 모자이크, 심코(Crystal, Mosaic, Simcoe), 각각 30g/1.1oz, 0분; 냉각 전 45분간 휴지

캐스케이드(Cascade), 40g/1.4oz, 드라이 호핑 1 (FG 도달 후 1일)

시트라(Citra), 20g/0.7oz, 드라이 호핑 1

심코(Simcoe), 20g/0.7oz, 드라이 호핑 1

캐스케이드(Cascade), 40g/1.4ozoz, 드라이 호핑 2 (드라이 호핑 1 이후 2일)

시트라(Citra), 20g/0.7oz, 드라이 호핑 2

심코(Simcoe), 20g/0.7oz, 드라이 호핑 2

효모

더블유이스트 1728 스코티시 에일 (Wyeast 1728 Scottish Ale)

발효

20℃

기타 재료

비정제 설탕 480g/0.9oz (7%)
끓임 단계에서 첨가

Thornbridge Brewery

손브리지 브루어리

영국 더비셔 베이크웰

KIPLING | 키플링

사우스 퍼시픽 페일 에일(South Pacific Pale Ale)

20 L / **5** GAL | ABV **5.2%**
OG **1.050** | FG **1.011-1.012**

잉글랜드 중심부 피크 지구에 위치한 작고 아름다운 마을 베이크웰은 두 가지로 유명하다. 첫째는 베이크웰 푸딩(잼과 커스터드가 들어간 맛 좋은 타르트)이고, 두 번째는 놀랍도록 맛있는 손브리지의 맥주다. 우아한 손브리지 홀에서 소규모로 시작된 이 브루어리는 오늘날 최첨단 설비를 갖추고 전 세계로 수출하는 대형 산업이 되었다. 창고 몇 채를 채울 만큼 많은 수상 경력을 자랑하는 이 브루어리는 거의 모든 스타일의 맥주를 생산하며 수많은 팬을 확보했다. '키플링'은 들어가는 재료가 많지 않은 페일 에일이다. 하지만 그렇다고 해서 간단한 맥주라고 생각하면 안 된다. 몰트 한 종류와 홉 두 품종만 사용하는 만큼, 숨을 수도 변명할 수도 없다. 마리스오터 페일 몰트와 포도 및 구스베리 향미로 잘 알려진 뉴질랜드산 넬슨소빈 홉을 조화롭게 사용하려면 수준 높은 양조 기술이 필수적이다. 손브리지의 헤드 브루어 롭 러밧Lob Lovatt이 쓴맛과 소빈 홉 사이에서 완벽한 균형을 이루는 비결은 이렇다. "넬슨소빈 홉을 일관되게 유지하고 40~45EBU*가 나오도록 비터링 작업을 세밀 조정하세요."

* EBU는 유럽의 쓴맛척도European Bittering Units로, 약간의 분자상의 차이를 제외하면 국제표준인 IBU와 대동소이하다.

곡물

마리스오터 페일에일 몰트(Maris Otter pale ale malt), 4.65kg/10lbs 4oz (100%)

당화

67~69℃에서 60분

홉

매그넘(Magnum), 17g/0.6oz, 60분

넬슨소빈(Nelson Sauvin), 50g/1.8oz, 홉백 안에 넣어 사용

효모

화이트랩 WLP001 캘리포니아 에일 (White Labs WLP001 California Ale)

발효

20℃

10 YEARS
INNOVATION · PASSION · KNOWLEDGE
Thornbridge
KIPLING
SOUTH PACIFIC PALE ALE
5.2% ABV
500ml

BONEYARD

Boneyard Beer
본야드 비어
미국 오리건 벤드

NOTORIOUS | 노토리어스
트리플 IPA(Triple IPA)

20 L / **5** GAL | ABV **11.5%**
OG **1.100** | FG **1.012**

본야드Boneyard란 퇴역 비행기, 자동차, 자전거, 엔진 등 각종 금속제 기계장치가 재활용을 위해 폐처리되는 곳을 말한다. 토니 로렌스Tony Lawrence가 두 명의 공동 창립자와 함께 2010년 오리건에 문을 연 이 브루어리와 썩 어울리는 이름이다. 토니는 브루어로서 성실하게 경력을 쌓고 나서 (그가 거쳐 간 직장 중에는 150쪽에 실린 데슈트 브루어리도 있다) 북미 전역에서 수집한 장비를 바탕으로 벤드 시내에서 자신만의 맥주를 만들기 시작했다. 브루어리가 확장 이전하면서 설비 역시 업그레이드 되었지만, 당초의 아나바다 정신은 여전히 건재하다. 오리건을 위시한 북미 대륙 북서부 태평양 일대는 홉이 지배하는 동네인데, 엄청난 인기를 자랑하는 이 트리플 IPA는 홉이 마음껏 기량을 펼칠 수 있는 무대와도 같다. 본야드에서는 외발 트램펄린 선수보다도 근성 넘치는 호핑을 선보인다. 이와 같이 완벽한 한 잔은 쉽게 얻을 수 있는 게 아니다. 보리 플레이크를 포함하는 대량의 몰트 및 곡물 혼합물은 스파징 작업에 심혈을 기울이지 않으면 금방 되어져 못쓰게 된다. 거기에 시트라와 모자이크 홉을 잔뜩 드라이 호핑하여 수분 손실이 일어날 것을 생각하면 더욱 그렇다(반대로 홉의 오일 덕에 그나마 물기를 조금은 잡을 수 있지만 말이다.) 효모에게도 활약할 기회를 주자. "효모 첨가를 많이, 산소 투입도 대규모로!"라고 토니는 조언한다.

곡물

페일 몰트(Pale malt), 6.77kg/14lbs 14.8oz (82%)

뮈닉 몰트(Munich malt), 250g/8.8oz (3%)

보리 플레이크(Flaked barley), 250g/8.8oz (3%)

산성화 몰트(Acidulated malt), 120g/4.2oz (1.5%)

당화

64~65.5℃에서 60분

홉

퍼글스(Fuggles), 13g/0.45oz, 매쉬호핑

CO_2 알파 홉 오일(CO_2 alpha hop oil), 1.5g/0.05oz, 60분

시트라(Citra), 5g/0.15oz, 20분

모자이크(Mosaic), 5g/0.15oz, 20분

시트라(Citra), 5g/0.15oz, 10분

모자이크(Mosaic), 5g/0.15oz, 10분

CO_2 알파 홉 오일(CO_2 alpha hop oil), 1.5g / 0.05oz, 5분

시트라(Citra), 5g/0.15oz, 0분

모자이크(Mosaic), 5g/0.15oz, 0분

시트라(Citra), 25g/10.9oz, 월풀

모자이크(Mosaic), 25g/10.9oz, 월풀

시트라 & 모자이크(Citra & Mosaic), 각각 20g/0.7oz, 드라이 호핑 1(효모를 먼저 꺼내고 할 것)

시트라 & 모자이크(Citra & Mosaic) 각각 53g/1.9oz, 드라이 호핑 2 (2일 후, 효모와 드라이 호핑 1을 꺼내고 할 것)

효모

더블유이스트 1968 런던 ESB 에일 (Wyeast 1968 London ESB Ale), 스타터 용액을 만들 경우 2봉지, 그렇지 않으면 3봉지 반

발효

20℃로 시작, 가능하다면 매번 24 시간당 0.5℃꼴로 자유 상승하여 23℃까지 올라갈 수 있게 한다.

기타 재료

덱스트로스, 980g/2lbs 2.6oz (12%), 끓이기 시작 30분 후

Mikkeller

미켈러

덴마크 코펜하겐

만약 전 세계의 맥주 브루어를 대상으로 가장 존경하는 동료 업자를 조사한다면, 단연코 이 이름이 상위에 적힐 것이다. 바로 2006년 덴마크 코펜하겐에서 미켈러를 창립한 전직 교사 미켈 보리 비야르쇠Mikkel Borg Bjergsø다. 업계 선구자적인 미국 소규모 브루어리의 원칙을 따라 미켈은 국제적인 시각을 품고 오늘날의 크래프트 맥주 혁명에 대한 청사진을 그렸다. 미켈러는 고집스럽게 최고급 재료만을 사용하는 개성적이고 대담하며 혁신적인 맥주를 수백 가지나 생산한다. 평범하지만 맛좋은 스테이트사이드 아메리칸 IPAStateside American IPA에서 오크배럴에 숙성시킨 자연 발효 블루베리 사우어까지 폭넓은 범위를 자랑한다. 미켈러에서 생산하는 맥주 중 직관적인 종류는 그 유래가 된 스타일의 아주 훌륭한 버전인 한편, 조금 더 실험적인 맥주는 순수한 상상력을 병에 담은 것이나 다름없다. 이런 맥주들은 마치 자신을 마시라는 듯 당돌하게 도전하는 듯하다.

미켈은 소위 '집시' 브루어, 즉 한곳에 정해진 브루어리를 두지 않고 원격으로 생산될 레시피만 고안하는 첫 번째 브루어다. 그의 양조 철학은 느긋함, 재미, 독창성을 추구한다. 맥주의 과학적이고 배타적인 면보다는 사회적인 기능을 강조한다. 그는 비슷한 철학을 가진 미국, 호주, 유럽의 브루어들과 자주 협업한다. 그의 맥주 라벨은 한눈에 알아볼 수 있으며 맥주 양조에 못잖은 사랑과 열정으로 디자인되었음을 알 수 있다 – 미국의 아티스트 키스 쇼어Keith Shore가 디자인한 라벨을 이곳에서 볼 수 있다. 세계 각지에 바를 운영하고 있는 그는 방콕처럼 멀리 떨어진 곳에도 가게를 냈다. 미켈러는 분명 전 세계 40여개국에 수출되는 글로벌 브랜드임에도 스칸디나비아 특유의 정의 불가능한 쿨함과 반체제적인 정신을 유지한다. 덧붙여 미켈러는, 어쩌면 세계에서 가장 포용력 넓고 계몽적인 산업축제일, 코펜하겐 맥주 축제를 매년 개최하고 있다.

Mikkeller
CREAM
ALE

Mikkeller

미켈러

덴마크 코펜하겐

CREAM ALE | **크림 에일**

크림 에일(Cream Ale)

20 L / **5** GAL | ABV **5.0%**
OG **1.047** | FG **1.009**

이 크림 에일은 미켈러의 덜 실험적인 맥주 중 하나이지만, 그럼에도 불구하고 놀랍도록 뛰어나며 크림 에일 맥주 가운데 비교적 비전형적인 사례라고 할 수 있다. 크림 에일은 미국에서 태어나 비교적 드물게 생산되는 스타일로, 아마 라거와 에일의 아름다운 균형이라는 말로 잘 표현될 수 있을 것이다. 에일처럼 상면 발효로 만들어지지만 몰트는 가볍고 뒷맛은 개운하다. 부재료로는 옥수수 플레이크가 들어간다. 미국산 대량 생산 라거의 부재료로서 평판이 좋지 못한 옥수수 플레이크지만, 미켈러 크림 에일은 이 재료도 나쁘지만은 않다는 증거다. 옥수수 플레이크는 홉이 지나갈 물길을 뚫어줌으로써 크림 에일을 깔끔하고 부드럽게 만들어주고, 카라필스는 풍성한 거품을 유지하게 해준다. 효모는 다양한 라거 및 에일용 효모를 블렌드한 것으로 발효도가 높고 희미한 과일향을 선보인다. 발효가 끝날 무렵에 저온 숙성을 하여 투명도와 부드러움을 한층 끌어올리는 브루어도 있다. 마지막으로, 미켈러 크림 에일은 아마릴로 홉을 넉넉히 사용하여 독특한 오렌지향을 내는데, 크림 에일의 전형적인 특성은 아니지만 이런 것이 바로 크래프트 맥주의 묘미 아니겠는가. 무척 상쾌한 기포를 만들려면 탄산 형성을 잘 해줘야 한다.

곡물

필스너 몰트(Pilsner malt), 1.2kg/2 lbs 10.3oz (30%)

페일 몰트(Pale malt), 1.2kg/2 lbs 10.3oz (30%)

옥수수 플레이크(Flaked corn), 680g/1 lb 8oz (17%)

카라필스(Carapils), 260g/9.17oz (6.5%)

귀리 플레이크(Flaked oats), 260g/9.17oz (6.5%)

비엔나 몰트(Vienna malt), 200g/7.05oz (5%)

뮈닉 몰트(Munich malt), 200g/7.05oz (5%)

당화

67℃에서 75분, 74℃에서 15분

홉

콜럼버스(Columbus) 13% AA, 20g/0.7oz, 60분

아마릴로(Amarillo) 6.5% AA, 25g/0.9oz, 15분

아마릴로(Amarillo) 6.5% AA, 30g/1.1oz, 드라이 호핑

챌린저(Challenger) 7.6% AA, 30g/1.1oz, 드라이 호핑

효모

화이트랩 WLP080 크림 에일 이스트 블렌드(White Labs WLP080 Cream Ale Yeast Blend)

발효

18~20℃

Camden Town Brewery

캠든타운 브루어리

영국 런던 캠든

INDIA HELLS LAGER | 인디아 헬스 라거

홉드 헬레스 라거(Hopped Helles Lager)

20 L / **5** GAL | ABV **6.2%**
OG **1.060** | FG **1.012**

캠든타운은 호주 출신 재스퍼 쿠피지Jasper Cuppaidge가 런던 북부 햄스테드의 호스슈 펍The Horseshoe 지하실에서 양조한 경험을 살려 만들었다. 2010년에 설립되었으니 런던의 크래프트 맥주업계에서는 꽤 선배격인 셈이다. 이후 이 브루어리는 크라우드펀딩을 통해 수백만 파운드의 자금을 확보하고 외국 시장을 정복하는 등 눈부시게 그 규모를 확대해왔다. 하지만 캠든타운이 특히 돋보이는 면은 무엇보다 라거에 대한 열정이다. 대량생산자들에 의해 라거의 위신이 땅에 떨어졌고, 그 결과 평가 절하되기 일쑤인 스타일이니 말이다. 하지만 잘만 만든다면 – 캠든타운에서는 언제나 잘 만든다 – 좋은 라거는 아름다운 술이다. 캠든의 헬스 라거는 현대적 고전이라고 할 수 있다. 그중에서도 이 인디아 헬스는 확고한 개성을 갖고 있다. 홉의 자기주장이 무척 뚜렷하지만 동시에 투명하고 부드러우며 균형 잡힌 맥주다. 홈브루잉으로 라거를 만들려면(22쪽 참조) 혼합물을 충분히 오랫동안 저온에서 유지할 수 있도록 용량이 크고 온도가 정밀히 조절되는 냉장고가 필요하다. 하지만 자기만의 라거를 완벽히 제련한다면 스스로의 양조 실력에 무척 만족하게 될 것이다. 캠든타운에 방문할 일이 있다면, 브루어리 내에 있는 테이스팅룸에 방문할 것을 추천한다.

곡물

바이어만 필스너 몰트(Weyermann pilsner malt), 4kg/8lbs 13oz (75%)

뮈닉 몰트(Munich malt), 1.07kg/2lbs 5.75oz (20%)

카라필스(Carapils), 270g/9.5oz (5%)

당화

기본적인 당화라면 66℃에서 시작하여 70분간 진행한다. 여러 번 휴지하는 멀티레스트 당화의 경우 50℃에서 시작하여 62℃까지 가열 후 60분간 유지한다. 72℃로 가열하고 10분간 유지. 78℃F에서 매쉬아웃.

홉

매그넘(Magnum) 12.7% AA, 17g/0.6oz, 60분 (25 IBU 이하)

심코(Simcoe) 13.9% AA, 9g/0.3oz, 10분

치누크(Chinook) 13.9% AA, 9g/0.3oz, 10분

모자이크(Mosaic) 11.2% AA, 11g/0.4oz, 10분

심코(Simcoe) 13.9% AA, 7g/0.2oz, 0분

치누크(Chinook) 13.9% AA, 17g/0.6oz, 0분

모자이크(Mosaic), 11.2% AA, 9g/0.3oz, 0분

치누크, 심코, 모자이크(Chinook, Simcoe, Mosaic), 각각 80g/2.8oz, 드라이 호핑

효모

퍼멘티스 사플라거 W-34/70(Fermentis Saflager W-34/70)

발효

10~12℃에서 중간까지 발효, 이후 14℃를 끝까지 유지. 활성 발효가 완료되면 디아세틸을 줄이기 위해 72시간 동안 14℃를 유지한다. 디아세틸 휴지가 완료되면 별도의 용기에 드라이홉을 넣고 그 위에 랙킹한다. 아로마를 극대화하고 싶다면 드라이홉을 리터당 2g(갤런당 0.3oz)까지 올려도 좋다. 맥주를 24~48시간 더 따뜻하게 유지한다. 이후 약 2주 동안 맥주 냉장고에 보관하여 라거링을 진행한다.

Firestone Walker Brewing Company

파이어스톤 워커 브루잉 컴퍼니

미국 캘리포니아 파소 로블레스

UNION JACK | 유니언잭

웨스트코스트 IPA(West Coast IPA)

20 L / **5** GAL | ABV **7.5%**
OG **1.068** | FG **1.012**

애덤 파이어스톤Adam Firestone은 캘리포니아의 와인 양조업계 출신이며, 영국인 데이비드 워커David Walker는 그의 사돈형제이다. 햇살 좋은 미 서부와 비 내리는 영국의 결합은 브루어리 로고의 곰과 사자 그림, 그리고 수많은 상을 탄 맥주로 표현된다(파이어스톤 워커에 쏟아진 찬사와 수상이력을 다 싣기엔 페이지가 모자랄 지경이다). 이 브루어리는 영국 버튼-온-트렌트에 위치한 유서 깊은 오크 배럴 순환 시스템을 차용하여 맥주를 숙성시킨다. 그렇게 생산되는 맥주 중 하나가 바로 이곳의 시그니처인 더블 배럴 에일Double Barrel Ale이다. 마무리를 위해 스테인리스 용기로 옮기기 전 맥즙을 6일 동안 나무통에서 숙성하는 과정을 거친다. 한편 여기 실린 웨스트코스트 IPA는 고전 중의 고전으로 스테인리스 발효조를 이용하기 때문에 가정에서도 비교적 수월하게 빚을 수 있다. 씁쓸한 홉을 중심으로 아로마가 강한 미국산 홉 품종이 더해진다. 더블 드라이 호핑 기법을 활용해 탄생시킨 것으로, 브루마스터 맷 브리널슨Matt Brynildson은 이 기법에 아주 정통하다. "홉과의 접촉 시간이 짧아야 한다고 믿습니다. 아무리 길어봐야 3일을 넘기지 않습니다. 풀 맛이 나기 시작한다면 홉을 너무 오래 담가둔 것입니다. 깨끗하고 과즙 같은 홉 오일 향만을 남겨야 해요."

곡물

두 줄 아메리칸 페일 몰트(2-row American pale malt), 5.18kg/11lbs 6.7oz (86%)

뮈닉 몰트(Munich malt), 360g/12.7oz (6%)

카라필스(Carapils), 300g/10.6oz (5%)

심슨즈 크리스탈 몰트(Simpsons crystal) malt 30-40L, 180g/6.3oz (3%)

당화

63℃에서 시작하여 68℃로 높여 전환 마무리

홉

매그넘(Magnum) 15% AA, 35g/1.2oz, 90분

캐스케이드(Cascade) 6% AA, 32g/1.1oz, 30분

센테니얼(Centennial), 32g/1.1oz, 15분

캐스케이드(Cascade), 30g/1.1oz, 월풀

센테니얼(Centennial), 30g/1.1oz, 월풀

센테니얼, 캐스케이드, 심코, 아마릴로(Centennial, Cascade, Simcoe, Amarillo), 75g/2.6oz 센테니얼과 캐스케이드(Centennial & Cascade)는 1:1, 심코와 아마릴로(Simcoe & Amarillo)는 그보다 약간 적은 양), 발효 마무리 단계에서 1차 드라이 호핑; 1차 드라이 호핑 사흘 후에 2차 드라이 호핑

효모

화이트랩 WLP013 런던 에일(White Labs WLP013 London Ale)

발효

19℃에서 발효, 이후 콜드 크래시

FIRESTONE
UNION
IPA

Russian River Brewing Company

러시안 리버 브루잉 컴퍼니

미국 캘리포니아 산타로사

RON MEXICO | 론 멕시코

엑스페리멘탈 홉드 아메리칸 페일에일(Experimental-Hopped American Pale Ale)

20 L / **5** GAL | ABV **4.5%**
OG **1.045** | FG **1.012**

컬트 맥주는 많지만 플라이니 더 영거Pliny the Younger는 하나뿐이다. 매년 2월의 단 하루, 산타로사의 러시안 리버 브루어리 펍에서 이 트리플 IPA를 내놓을 때면 이 '세계 최고의 맥주'를 마시기 위해 각지에서 사람들이 몰려든다. 하지만 플라이니 더 영거에만 주목하는 것은 러시안 리버의 진정한 매력을 놓치는 것이다. 창립자 비니 실루조Vinnie Cilurzo는 사우어링과 에이징 전문가로, 600배럴에 이르는 사업을 총괄한다. 동시에 그는 현존하는 브루어 중 가장 양심적이고 박식하며 존경받는 자다. 이 책에 실린 레시피는 홉 재배 및 홈브루잉에 종사하는 사람으로서의 그의 태도를 대변한다. 2015년 샌디에이고에서 열린 홈브루잉 학회에서 발표된 이 맥주는 HBC-438이라는, 아직 이름도 없는 실험적인 신품종(일단은 '론 멕시코'라는 별명으로 불린다)을 사용한다. 특이하게도 438은 당분간 소량씩만 공급되어 홈브루어들이 창의력을 발휘하는 데에 이용될 전망이다. "HBC-438을 다른 홉으로 대체하여 싱글 홉 맥주를 빚는 것도 얼마든지 가능합니다." 비니의 말이다. "러시안 리버에서는 이런 식으로 만든 맥주를 홉 투 잇Hop 2 It이라고 부르며 신품종 홉을 테스트하는 데 사용합니다." 그러니 론 멕시코 홉을 구하든지, 아니면 #07270, 527, 342 등 대체할 수 있는 홉을 구해서 사용해보라. 어떤 홉이든 모두 가치가 있다.

곡물

라 페일에일 몰트(Rahr pale ale malt), 2.01kg/4lbs 6.9oz (51.5%)

라 두 줄 몰트(Rahr 2-row malt), 1.66kg/3lbs 10.6oz (42%)

바이어만 산성몰트(Weyerman acid malt), 120g/4.2oz (3%)

브리스 카라필스(Breiss Carapils), 100g/3.5oz (2.5%)

심슨즈 크리스탈몰트(Simpsons crystal malt) 60L, 30g/1.1oz (1%)

당화

69℃에서 60분

홉

HBC-438 15.7% AA, 3g/0.1oz, 90분

HBC-438, 14g/0.5oz, 15분

HBC-438, 60g/2.1oz, 0분

HBC-438, 73g/2.6oz, 1차 드라이 호핑 (10일 후)

HBC-428, 73g/2.6oz, 2차 드라이 호핑 (1차 드라이 홉을 제거하고, 15일 후)

효모

WLP001 캘리포니아 에일(WLP001 California Ale)

발효

18℃; 10일 후 효모 제거; 18일째에 0℃로 냉각; 21일째에 젤라틴 혹은 비슷한 제품을 이용해 침전물 제거, 이후 랙킹 및 탄산 주입

MICROBREWED
SONOMA COUNTY
RUSSIAN
RIVER

Brewdog

브루독

스코틀랜드 엘론

제임스 와트James Watt와 마틴 디키Martin Dickie는 2007년 스코틀랜드 북동부 애버딘셔에 맥주업계의 근간을 뒤흔들겠다는 야심찬 포부를 안고 작은 브루어리를 연다. 바로 브루독이었다. 그리고 지금 이 순간, 그들의 다짐은 성공적으로 실현되었다. 제임스와 마틴은 처음부터 모든 형태의 평범함을 거부했다. 혹자는 이들의 야심만만한 마케팅 전략을 싫어할 수도 있다. 그러나 그 누구도 이들이 만드는 맥주를 싫어할 수는 없을 테다. 브루독의 맥주는 하나같이 타협 없는 풍미를 자랑하며, 수단과 방법을 가리지 않고 맥주의 종류별 특성을 극대화한다. 이를테면 잭해머 IPAJackhammer IPA의 폭발하는 듯한 홉의 풍미나 세련되고 잉크처럼 짙으며 웅장한 코코아 사이코 러시안 임페리얼 스타우트Cocoa Psycho Russian imperial stout가 그렇다. 브루독은 크래프트 맥주의 극단을 탐험하기를 주저한 적이 없다. 물보다 약간 독한 수준인 알코올도수 0.5%의 내니 스테이트 페일 에일Nanny State pale ale이 한쪽 극단을 달린다면, 반대쪽에는 웬만한 위스키보다 독한 55% ABV를 자랑하며 로드킬 당해 박제된 작은 동물(이미지다!)에 포장되어 유통되는, 쐐기풀과 향나무로 맛을 낸 벨지안 에일 엔드 오브 히스토리End of History가 있다. 오늘날 영국 버밍엄부터 브라질에 이르기까지 30여개 이상의 브루독 펍이 존재한다. 이곳의 맥주는 50개국 이상에 수출된다. 가장 신선한 맥주를 미국 전역에 유통하기 위해 오하이오주 콜럼버스에 새 브루어리를 열었다. 소비자를 투자자로 변화시키는 크라우드펀딩 캠페인은 신기록을 수립했다. 브루독은 영국에서 가장 빠르게 성장하는 브랜드 중 하나다. 앞으로 20년 정도 후에 브루독의 성공담은 MBA과정에서 교재로 사용될지도 모르겠다. 중요한 것은 그때에도 브루독 맥주가 엄청나게 훌륭할 것이라는 점이다.

Brewdog

브루독

스코틀랜드 엘론

PUNK IPA | **펑크 IPA**

IPA

20 L / **5** GAL | ABV **5.60%**
OG **1.054** | FG **1.012**

지금 이 순간 당신이 펑크 IPA를 마시지 않을지라도, 어딘가에서 누군가는 반드시 펑크 IPA를 마시고 있을 것이다. 이 맥주는 술집, 슈퍼, 주류 소/도매상, 그리고 세계 각지의 바와 펍에서 불티나게 팔려 나간다. 2007년에 개발된 이 맥주는 브루독 전설의 시작이었다. 당시 점잖은 영국에서 이 맥주만큼 신선하고, 자신감 넘치며, 마지막 한 모금까지 다양한 풍미로 꽉 찬 맥주를 마셔본 사람은 얼마 없었다. 처음에는 이 맥주에 겁을 먹기도 했지만, 얼마 지나지 않아 펑크 IPA는 영국의 샌님들을 정복했다. 뿐만 아니라 세계 각지의 맥덕들의 취향도 저격했음은 물론이다. 펑크 IPA야말로 진정한 크래프트 맥주의 고전이라 할 수 있다. 해갈과 즐거움을 함께 제공하며, 개성 강하지만 몇 병 정도는 그냥 즐길 수 있을 만큼 맛있고, 솔향과 열대 과일, 꽃향기, 시트러스로 가득하다. 퍼시픽 노스웨스턴 아타넘, 캐스케이드, 그리고 타의 추종을 불허하는 뉴질랜드산 넬슨 소빈을 비롯해 여섯 개 품종의 홉이 넉넉히 들어가 홉의 장점이란 장점은 다 보여준다. 맛의 뼈대를 구성하는 몰트는 단단하면서도 단순하여 이 모든 요소가 조화롭게 드러날 수 있도록 한다. 이 레시피를 가지고 원본의 10%라도 그 맛을 따라잡을 수 있다면 당신은 영웅이 될 수 있다. 소비되는 맥주의 절대다수가 밋밋한 이 세계에서 펑크 IPA는 진정한 반항아라고 할 수 있다.

곡물

페일에일 몰트(Pale ale malt), 4.4kg/9lbs 11.2oz (92.5%)

카라몰트(Caramalt), 360g/12.7oz (7.5%)

당화

65℃에서 매쉬인 후 15분 동안 휴지.
72℃로 온도를 높인 후 15분 동안 휴지 (이때 요오드 검사를 수행한다. 37쪽 참조).
78℃에서 매쉬아웃.

홉

아타넘(Ahtanum), 2g/0.07oz, 80분

치누크(Chinook), 8g/0.3oz, 15분

아타넘(Ahtanum), 10g/0.35oz, 15분

아타넘(Ahtanum), 6g/0.21oz, 월풀

치누크(Chinook), 4g/0.14oz, 월풀

심코(Simcoe), 10g/0.35oz, 월풀

넬슨 소빈(Nelson Sauvin), 5g/0.15oz, 월풀

아타넘(Ahtanum), 40g/1.4oz, 드라이 호핑

치누크(Chinook), 50g/1.8oz, 드라이 호핑

심코(Simcoe), 40g/1.4oz, 드라이 호핑

넬슨 소빈(Nelson Sauvin), 20g/0.7oz, 드라이 호핑

캐스케이드(Cascade), 40g/1.4oz, 드라이 호핑

효모

더블유이스트 1056 아메리칸 에일 (Wyeast 1056 American Ale)

발효

19℃로 5일간, 14℃에서 5일간 드라이호핑, 0℃에서 15일 동안 숙성

BREWDOG
PUNK IPA
POST MODERN CLASSIC

Siren Craft Brew

사이렌 크래프트 브루

영국 버크셔 핀챔프스테드

UNDERCURRENT | 언더커런트

오트밀 페일 에일(Oatmeal Pale Ale)

20 L / **5** GAL | ABV **4.5%**
OG **1.044** | FG **1.010**

대런 앤리Darron Anley가 첫 몰트를 뜬 지 2년도 채 지나지 않아 그의 버크셔 브루어리는 전 세계 맥덕들이 모여 맥주 맛을 평가하는 사이트 레이트비어(ratebeer.com)의 연례 소비자 설문 중 '새로운 브루어리' 부분에서 당당히 2위를 차지했다. 사이렌 브루어리에 쏟아지는 사랑은 비전통적인 맥주를 대담하게 생산하는 뚝심, 열린 태도, 양조업계의 규칙을 과감히 무시하는 당돌함에 기인한다. 사이렌에서는 옴니폴로(Omnipollo, 130쪽 참조)와 협업하여 만든 피치 크림 IPA나 브레타노마이세스 효모를 사용해 나무통에 숙성시킨 호펜바이젠 등의 한정판 맥주를 선보인 바 있다. 그러나 실험적인 맥주 생산은 브루어리에서 무엇을 이룰 수 있는지에 대한 깊은 이해가 바탕이 되어야 한다. 그런 의미에서 이 언더커런트는 비일상적으로 맛 좋은, 일상적인 맥주의 대표적인 사례다. 밀 몰트와 카라헬로 바디감과 빛깔을 더함과 동시에, 흔히 사용되지는 않지만 무척 따뜻한 풍미를 자랑하는 귀리 몰트를 사용한다. 귀리 몰트는 다양한 맥주에 활용될 수 있지만 여기서는 페일 에일의 새 지평을 엿보게 해준다. 또한 이 레시피는 이 책에서 유일하게 퍼시픽 노스웨스턴 팔리세이드Pacific Northwestern Palisade 홉을 이용하는데, 해당 홉은 달콤한 과즙의 풍미와 함께 허브와 방금 깎은 풀밭의 향미를 제공한다.

곡물

마리스오터 페일 몰트(Maris Otter pale malt), 2.66kg/5lbs 13.8oz (71%)

귀리 몰트(Malted oats), 520g/1lb 2.3oz (14%)

밀 몰트(Wheat malt), 260g/9.2oz (7%)

카라헬(Carahell), 260g/9.2oz (7%)

카라아로마(Caraaroma), 40g/1.4oz (1%)

당화

68℃에서 60분 동안 (사이렌에서는 마지막 45분 동안 재순환을 권장한다)

홉

(70분 동안 끓인다)

매그넘(Magnum), 7g/0.3oz, 60분

캐스케이드(Cascade), 20g/0.7oz, 10분

캐스케이드(Cascade), 20g/0.7oz, 0분

팔리세이드(Palisade), 16g/0.6oz, 0분

콜럼버스(Columbus), 12g/0.4oz, 0분

효모

퍼멘티스 US-05 아메리칸 에일 (Fermentis US-05 American Ale)

발효

20℃

Oskar Blues Brewery

오스카 블루스 브루어리

미국 콜로라도 라이온스

DALE'S PALE ALE | 데일즈 페일 에일

아메리칸 페일 에일(American Pale Ale)

20 L / **5** GAL | ABV **6.5%**
OG **1.066** | FG **1.015**

당신이 데일이라는 이름을 가진 브루어라면, 페일 에일을 만들어 데일의 페일 에일이라는 이름을 붙이지 않을 수 없을 테다. 오스카 블루스의 설립자인 데일 카테키스Dale Katechis는 바로 그렇게 이 시트러스향과 홉이 강한 시그니처 맥주를 만들고, 한 발짝 더 나아가 그것을 캔에 담아 팔았다. 2002년 당시만 해도 캔맥주는 탄산과 쌀의 잡미가 강한, 밍밍한 대량생산 맥주를 뜻했다. 하지만 오늘날에는 전 세계의 맥주 브루어들이 "I can do it"을 외치며 알루미늄 용기에 맥주를 포장하고 있다. 데일즈 페일 에일은 최초로 캔맥주로 생산된 크래프트 맥주였다는 점에서 새로운 영역을 개척한 맥주지만, 이 맥주의 장점은 그뿐만이 아니다. 크래프트 맥주용으로 이름 높은 미국산 'C'홉(즉, 캐스케이드, 센테니얼, 콜럼버스)을 넉넉히 사용한 결과 뛰어난 자몽/플로랄/허브 향미는 존재하지만, 조금 더 독한 아메리칸 IPA와는 달리 드라이호핑을 하지 않았다. 비교적 복잡한 몰트 배합은 홉의 향미와 완벽한 조화를 이루며 달콤한 바디감을 함께 제공한다. 아메리칸 페일 에일의 본보기격인 맥주라고 할 수 있겠다. 균형감 좋고, 선명하며, 카리스마 넘치고, 부담스럽지 않아 하루 중 어느 때라도 즐길 수 있다. DPA라고 줄여 부르기도 하는 이 맥주는 크래프트 맥주 혁명을 위하여 건배할 때 딱 좋은 맥주다.

곡물

노스 아메리칸 두 줄 페일 몰트(North American 2-row pale malt) 2L, 4.68kg/10lbs 5.1oz (80%)

크리스탈 몰트(Crystal malt) 25L, 590g/1lb 4.8oz (10%)

뮈닉 몰트(Munich malt) 10L, 470g/1lb 0.6oz (8%)

크리스탈 몰트(Crystal malt) 85L, 120g/4.2oz (2%)

당화

69℃에서 60분

홉

(90분 동안 끓인다)

콜럼버스(Columbus) 14% AA, 14g/0.5oz, 약 25 IBU가 될 때까지 80분간

캐스케이드(Cascade), 14g/0.5oz, 25분

콜럼버스(Columbus), 17g/0.6oz, 10분

센테니얼(Centennial), 45g/1.6oz, 월풀

효모

WLP001 캘리포니아 에일(WLP001 California Ale)

발효

18℃에서 1차 발효, 이후 약 10일 간 저온 숙성

특기 사항

데일즈 페일 에일은 맥즙이 함유하는 염화물(Chloride) 대 황화물(Sulfate) 비율 기준을 1:1로 잡고 연수를 이용하여 생산한다.

The Celt Experience

더 켈트 익스피리언스

웨일스 케어필리

SILURES | 실루레스

스프루스를 함유한 뮈닉 페일 에일(Munich Pale Ale with Spruce)

20 L / **5** GAL | ABV **4.6%**
OG **1.044** | FG **1.008**

더 켈트 익스피리언스는 일반적인 브루어리와 거리가 멀다. 설립자 톰 뉴먼Tom Newman은 웨일스의 켈트족 신화에서 영감을 얻어 맥주를 제작했다. 그 역시도 웨일스와 깊은 인연이 있다. 그가 제작하는 맥주 중에는 테일리스 블랙 소우Tailless Black Sow라는 이름의, 허브를 우려낸 훌륭한 페일 에일이 있는데, 현지 민화에 등장하는 유령 돼지에서 그 이름을 빌려왔다. 영적인 의미로 유명한 장소에서 야생 효모를 채집하며, 쑥이나 서양톱풀은 웨일스의 숲속에서 채취한다. 실루레스는 웨일스 동남부의 고대 원주민에서 유래한 이름이며, 톰은 브루어리 설비를 홉 드루이드(켈트 고대 종교의 사제)라고 부른다. "저녁거리로 홉을 먹죠." 톰의 말이다. 아마도 당신은 홉 드루이드를 갖고 있지 않을 것이다. 대신 그와 유사한 퍼콜레이트, 즉 여과기를 사거나 만들 수는 있다. 맥즙이 용기 안을 흐르면서 침지된 홉으로부터 많은 아로마를 추출할 수 있도록 설계된, 뚜껑을 닫을 수 있는 용기면 충분하다(홉백과도 비슷하다, 24쪽 참조). 홉은 '넉넉하게' 넣어야 한다. 스프루스(가문비나무)의 사용에 대해 조언하자면, 가능하다면 현지에서 채집하라. 인터넷으로 살 수 있다. 원시림 근처에 사는 것이 아니라면 온라인 구매가 최선의 선택지가 될 것이다. 직접 꺾어다가 사용하는 것만큼의 마법을 부리지는 않겠지만 특유의 수지성resinous 플로랄 향미는 충분히 음미할 수 있을 테다.

곡물

페일 에일 몰트(Pale ale malt), 3.6kg/7lbs 15oz (92%)

뮈닉 몰트(Munich malt), 160g/5.6oz (4%)

밀 몰트(Wheat malt), 160g/5.6oz (4%)

당화

64.5℃에서 60분

홉

(60분 동안 끓인다)

매그넘(Magnum) 또는 그와 유사한 비터링 홉 25g/0.88oz, 40분, 목표 IBU 수치 36

센테니얼(Centennial), 67g/2.4oz, 5분

시트라(Citra), 17g/0.6oz, 5분

심코(Simcoe), 34g/1.2oz, 0분

홉 드루이드(위쪽 설명 참조) 안에 시트라, 센테니얼, 심코(Citra, Centennial, Simcoe)

심코(Simcoe) 34g/1.2oz, 드라이 호핑

효모

퍼멘티스 US-05 아메리칸 에일 (Fermentis US-05 American Ale)

발효

20℃

기타 재료

가문비나무 새순, 플레임아웃 단계에서 17g/0.7oz, 5분간 침지.

Celt
SILURES

Trouble Brewing

트러블 브루잉

아일랜드 킬데어

HIDDEN AGENDA | 히든 어젠다

페일 에일(Pale Ale)

20 L / **5** GAL | ABV **4.5%**
OG **1.043** | FG **1.009**

아이리시펍에 대한 농담이 하나 있다. 아이리쉬펍에서 마실 수 있는 맥주는 두 종류다: 하나는 기네스 파인트, 다른 하나는 기네스 1/2파인트다. 이 흑맥주가 아일랜드에서 물처럼 흔하다는 것은 거짓이 아니다. 기네스 맥주가 워낙 유명한 탓에 아일랜드 맥주의 이미지는 다소 단편적이다. 하지만 요즈음 많은 아일랜드 브루어들이 스타우트 이외의 맥주를 탐구하기 시작하면서 맥덕들에게 흥분을 안겨주고 있다. 킬데어 카운티에 위치한(공교롭게도 기네스 설립자 아서 기네스의 생가와 아주 가깝다) 트러블 브루잉도 그중 하나로, 편안한 골든 에일에서 체리 초콜릿 스타우트에 이르기까지 폭넓은 고급맥주를 생산하고 있다.

히든 어젠다 페일 에일은 특별히 아일랜드스러운 맥주는 아니나, 끝내주는 맥주인 것은 분명하다. 햇살 좋은 날 쭉쭉 들어가는 느긋한 페일 에일로, 추구하는 바는 꽤 간단하다. 선명하고 복합적인 몰트를 디딤돌 삼아 과일 샐러드 같은 호주산 홉을 쏘아 올리는 것이다. 빅 시크릿과 그 친척인 서머 품종은 비교적 새로 나온 편인데, 살구와 복숭아, 멜론, 시트러스의 향연을 제공한다. 멜라노이딘은 특수 작물로, 소량 사용하면 오묘한 붉은빛과 몰트 풍미를 더한다. 이런데 누가 기네스 같은 것을 마시겠는가?

곡물

페일 에일 몰트(Pale ale malt), 2.75kg/6lbs 1oz (72%)

뮈닉 몰트(Munich malt), 760g/1lb 10.8oz (20%)

멜라노이딘(Melanoidin), 150g/5.3oz (4%)

카라필스(Carapils), 80g/2.8oz (2%)

크리스탈 몰트(Crystal malt) 57L, 80g/2.8oz (2%)

당화

66℃에서 60분

홉

매그넘(Magnum) 12.7% AA, 9g/0/3oz, 60분

서머(Summer) 5.3% AA, 26g/0.9oz, 10분

서머(Summer) 5.3% AA, 26g/0.9oz, 5분

빅 시크릿(Vic Secret) 15.8% AA, 39g/1.4oz, 0분

빅 시크릿(Vic Secret) 15.8% AA, 39g/1.4oz, 발효 2일째에 드라이호핑

효모

퍼멘티스 US-05 아메리칸 에일 (Fermentis US-05 American Ale)

발효

20℃

Omnipollo

옴니폴로

스웨덴 스톡홀름

재능 있는 그래픽 디자이너 칼 그란딘Karl Grandin과 유능한 양조사 헤녹 펜티에Henok Fentie가 힘을 합쳤으니, 옴니폴로가 보기도 좋고 맛도 좋은 맥주를 내놓는 것은 필연적인 귀결이었다. (아래 사진의) 라벨을 보면서 전자를, 근처 주류점에서 한 병 맛보는 것으로 후자를 직접 확인할 수 있을 테다. 한편 옴니폴로의 맥주가 세계에서 가장 많이 팔리는 맥주가 된 것 역시, 비록 필연적인 귀결이라 할 수는 없으나, 지칠 줄 모르는 창의성과 근면한 노력의 결과물이라 할 수 있다. 옴니폴로는 스칸디나비아에 거점을 둔 많은 여타 브루어리와 마찬가지로 집시 브루어리에 해당한다. 실제로 맥주가 생산되는 곳은 대부분의 경우 벨기에에 위치한 최첨단 시설 드 프로프브라우어라이De Proefbrouwerij이며, 사이렌, 이블 트윈, 스틸워터 등 다른 브루어리와의 협업을 통해 생산되기도 한다. 다만 맥주의 바탕이 되는 발상은 옴니폴로 고유의 것이다. 나탈리우스Nathalius는 도수 8%의 임페리얼 IPA로, 크래프트 맥주 브루어들이 보통 기피하는 쌀이나 옥수수를 이용한다. 하지만 남들이 기피한다면 더더욱 사용해야 하지 않겠는가? 벅스턴과의 협업 작품인 옐로 벨리Yellow Belly는 '피넛버터 쿠키 스타우트'로 표현되지만 피넛버터도 쿠키도 들어 있지 않은 맥주다. 귀여운 양초 모양 병에 담긴 마자린Mazarin은 단순한 페일 에일이지만 당신이 맛볼 수 있는 최고의 페일 에일일 수도 있다.

SSSR

Omnipollo

옴니폴로

스웨덴 스톡홀름

4:21

더블 라즈베리/바닐라 스무디 IPA(Double Raspberry/Vanilla Smoothie IPA)

20 L / **5** GAL | ABV **6%**
OG **1.054** | FG **1.010**

미켈러나 투올 같은 브루어리처럼 옴니폴로 역시 스칸디나비아 지역 크래프트 맥주 문화의 흥미롭고 반체제적이며 진보적인 성격을 대변하는 곳이다. 공동 운영자는 홈브루어 출신의 전문 브루어 헤녹 펜티에와 세계에서 가장 쿨한 맥주병 아트를 제작하는 그래픽디자이너 칼 그란딘이다. 옴니폴로의 맥주병은 너무 멋져서 다 마시고 나서도 버리기 아까울 정도다. 옴니폴로라고 이름 붙은 브루어리가 실제로 존재하는 것은 아니지만, 이 두 사람이 발명한 맥주는 세계 각지에서 생산되며 다양한 콜라보 맥주도 쏟아져 나온다. 이 4:21 맥주는 맥주 양조 세계의 낯설고 새로운 영역을 탐색하는 한정판 시리즈인 매직 넘버Magic Number 맥주 중 하나이다. 라즈베리와 밀 덕분에 과일향이 무척 풍부하고 선명한 맛을 가지고 있지만 바닐라와 유당이 들어가서 입에 닿는 느낌은 크리미하다 못해 걸쭉하다. 그래서 스무디라는 이름이 붙은 것이다. 맥주 효모는 유당을 전혀 분해하지 못하므로 유당이 알코올 도수를 높이지는 않는다. 다만 맥즙의 비중을 증가시키기는 한다. 아주 끝물에 추가되는 홉은 풍성한 맛을 더하며 IBU를 꽤나 높여준다. 진정 획기적인 맥주가 아닐 수 없다.

곡물

필스너 몰트(Pilsner malt), 2.65kg/5lbs 13.5oz (60%)

밀 몰트(Wheat), 880g/1lb 15oz (20%)

귀리 플레이크(Flaked oats), 440g/15.5oz (10%)

당화

67℃에서 75분

홉

(60분 동안 끓이기)

모자이크(Mosaic), 27g/1oz, 10분

모자이크(Mosaic), 67g/2.4oz, 월풀

모자이크(Mosaic), 200g/7oz, 3일 동안 드라이 호핑

효모

퍼멘티스 S-04 잉글리시 에일(Fermentis S-04 English Ale)

발효

19℃

기타 재료

덱스트로스(Dextrose), 440g/15.5oz (10%), 맥즙과 함께 끓인다.

유당(Lactose), 끓임 단계 후에 첨가, OG를 약 3°P(비중도로 치면 약 12~13°P) 올릴 정도로. 약 700g/1lb 8oz 정도 넣으면 된다. 라즈베리 생과, 1.3kg/2lbs 13.9oz, 한가운데서 쪼갠 바닐라빈 꼬투리 2.5개, 1차 발효 이후 드라이 호핑 이전에 첨가한다.

Magic Numbers
OMNIPOLLO
4:21
RASPBERRY SMOOTHIE I.P.A.
Öl. 6 % vol. 33 cl.

Yeastie Boys

이스티 보이즈

뉴질랜드 웰링턴

DIGITAL IPA | 디지털 IPA

뉴질랜드 홉드 IPA(NZ-Hopped IPA)

20 L / **5** GAL | ABV **5.7%**
OG **1.056** | FG **1.013**

이스티 보이즈(힙합그룹 비스티보이즈Beastie Boys와 효모yeast를 합성한 말장난)보다 더 그럴듯한 이름을 가진 브루어리가 있을까? 있을 수도 있겠지만 당장은 떠오르지 않는다. 이 브루어리는 스투 맥킨리Stu McKinley와 샘 포세니스키Sam Possenniskie가 웰링턴에서 부업으로 시작했지만, 맥주의 품질이 워낙 좋은 탓에 얼마 지나지 않아 뉴질랜드 크래프트 맥주업계의 대형 신인이 되었다. 가장 많은 상을 수상한 뉴질랜드 맥주라는 업적을 자랑하는 팟 케틀 블랙Pot Kettle Black은 블랙 IPA와 홉 함량이 높은 포터 맥주의 경계를 흐릴 뿐만 아니라, 애초에 그 사이에는 어떤 경계도 필요하지 않았음을 증명한다. 이스티 보이즈의 사업 모델은 비용 절감에 충실한 편이다. 웰링턴의 본사에서 맥주를 설계하고 실제 생산은 다른 곳에서 이루어지는 식이다. 2015년에 공동 설립자 스투는 지구 반대편에 위치한 런던으로 이주해 북반구 사업에 박차를 가했다. 결과적으로 뉴질랜드에서 1만 마일 이상 떨어진 곳에서 생산되면서도 확고한 뉴질랜드 정체성을 가진, 하지만 수입하는 것보다 훨씬 신선한 맥주를 유통할 수 있게 되었다(얼그레이를 우려낸 군나마타Gunnamatta IPA에 주목하라). 이들의 사업 스토리는 현대식 크래프트 맥주 사업의 패러다임을 제시하며, 여기 실린 디지털 IPA는 현대적 IPA의 모범 사례다. 캐러멜 몰트와 대량의 우수한 뉴질랜드산 홉이 절묘한 균형을 이루니 말이다.

곡물

필스너 몰트(Pilsner malt), 2.48kg/5lbs 7.5oz (52%)

비엔나 몰트(Vienna malt), 2.06kg/4lbs 8.7oz (43.5%)

글래디에이터 몰트(Gladiator malt) 또는 카라필스(Carapils), 210g/7.1oz (4.5%)

당화

66℃에서 60분

홉

퍼시픽 제이드 펠렛(Pacific Jade pellets) 13.4% AA, 35g/1.2oz, 60분

모투에카 펠렛(Motueka pellets) 7.3% AA, 8g/0.3oz, 10분

넬슨소빈 펠렛(Nelson Sauvin pellets) 12.1% AA, 8g/0.3oz, 10분

서던 크로스 펠렛(Southern Cross pellets) 13.6% AA, 8g/0.3oz, 0분

모투에카 펠렛(Motueka pellets) 7.3% AA, 40g/1.4oz, 0분

넬슨소빈 펠렛(Nelson Sauvin pellets) 12.1% AA, 8g/0.3oz, 0분

서던 크로스 펠렛(Southern Cross pellets) 13.6% AA, 17g/0.6oz, 1차 드라이 호핑

넬슨소빈 펠렛(Nelson Sauvin pellets) 12.1% AA, 8g/0.3oz, 1차 드라이 호핑

모투에카 펠렛(Motueka pellets) 7.3% AA, 17g/0.6oz, 1차 드라이 호핑

서던 크로스 펠렛(Southern Cross pellets) 13.6% AA, 8g/0.3oz, 2차 드라이 호핑, 1차 드라이 호핑 4일 후

넬슨소빈 펠렛(Nelson Sauvin pellets) 12.1% AA, 4g/0.14oz, 2차 드라이 호핑

모투에카 펠렛(Motueka pellets) 7.3% AA, 17g/0.6oz, 2차 드라이 호핑

효모

퍼멘티스 US-05 아메리칸 에일 (Fermentis US-05 American Ale)

발효

18℃

YEASTIE
BOYS
DIGITAL IPA
INDIA PALE ALE
5.7% Alc./Vol
330ML

YOUNG HENRYS
NATURAL
LAGER
4.2%
375 ML
SERVE THE PEOPLE
APPROX. 1.2 STANDARD DRINKS

Young Henrys

영 헨리즈

호주 뉴사우스웨일스 뉴타운

NATURAL LAGER | **내추럴 라거**

켈러비어(Kellerbier)

20 L / **5** GAL | ABV **4.2%**
OG **1.042** | FG **1.010**

켈러비어는 독일 밖에서는 보기 드문, 오래된 독일 맥주 종류다. 상면 발효와 하면 발효 둘 다 가능하며 여과를 하지 않고 향긋한 홉을 대담하게 사용한다. 뉴사우스웨일스의 브루어리 영 헨리즈는 전통적 공법에 충실하게 맥주를 만든다. 이 내추럴 라거의 경우 정통 호박색을 내기 위해 뮈닉 몰트를 쓰고 있다. 그러나 독일 홉인 할러타우어나 미텔프루 대신 여기서는 서머, 헬가, 실바를 사용한다. 이 홉은 유럽에서 유래하여 오세아니아 지역으로 옮겨심긴 품종으로, 호주의 뜨거운 햇볕 아래 진한 과일향을 머금었다. 결과물은 소박하고 부드러운 시트러스 향을 풍기며 완벽하게 상쾌한 맥주로, 밀을 배합하고 따로 여과하지 않는 탓에 뿌연 빛을 가지고 있다. 라거와 에일 온도에서 잘 활동하는 크라이 해벅 효모 균주를 사용한다. 영 헨리즈는 2012년에 두 친구가 뜻을 모아 만들었다. 아직 젊지만 그만큼 영재성 넘치는 브루어리로, 꾸준히 고품질을 자랑하는 (리얼 에일 잉글리쉬 베스트Real Ale English best 등을 포함하는) 핵심 라인업을 중심으로, 홍합으로 만든(우리가 아는 그 홍합 맞다) 위트비어나 초콜릿 트러플 스타우트인 아이슈드코코I Should Coco 등 이색적인 맥주도 선보인다. 뉴사우스웨일스 말고도 호주 3개 주에 새로운 브루어리가 생긴 지금은 시드니에서 퍼스까지 호주 전역에서 신선한 맥주를 맛볼 수 있다.

곡물

필스너 몰트(Pilsner malt), 3.2kg/7lbs 0.9oz (86%)

페일 밀 몰트(Pale wheat malt), 250g/8.8oz (7%)

뮈닉 몰트(Munich malt), 250g/8.8oz (7%)

당화

67℃에서 50분

홉

(60분 동안 끓인다)

서머(Summer), 15g/0.5oz, 퍼스트워트호핑

서머(Summer), 20g/0.7oz, 5분

실바(Sylva), 20g/0.7oz, 월풀

헬가(Helga), 20g/0/7oz, 월풀

효모

화이트랩 WLP862 크라이 해벅(White Labs WLP862 Cry Havoc)

발효

16℃에서 시작하여 비중이 1.020에 이를 때까지 유지, 이후 자연스럽게 22℃로 상승시킨다. 최종 비중 수치 도달 후, 2일을 기다렸다가 7일 간 냉장 보관 후 프라이밍(당 첨가) 및 포장.

Stout, porter & black

스타우트, 포터, 블랙

스타우트, 포터, 블랙 IPA의 차이를 논하자면 논쟁이 벌어질 수밖에 없다. 게다가 크래프트 맥주 브루어들은 세 가지 종류 사이의 경계를 흐리기를 좋아한다. 말싸움은 관두고 만들고 맛보는 데 집중하는 편이 낫다. 잘 로스팅 된 몰트는 밤하늘 같은 검은색과 초콜릿, 커피, 짙은 과일 향미를 만들어내며, 이런 특성은 높은 알코올 도수, 자기주장 강한 홉, 여러 가향 재료와도 잘 어우러진다.

Dark Star Brewing Company

다크 스타 브루잉 컴퍼니

영국 웨스트서섹스

ESPRESSO | 에스프레소

다크 커피 비어(Dark Coffee Beer)

20 L / **5** GAL | ABV **4.2%**
OG **1.048** | FG **1.014**

서섹스의 다크스타 브루잉 컴퍼니를 사랑해야 할 이유: 첫째, 영국 홈브루잉 대회를 후원하며 매회 그해의 우승 맥주를 생산 및 판매한다. 둘째, 다크스타 재단을 통해 펍과 맥주 관련 다양한 자선 사업에 기부한다. 셋째, 1994년 이래 영국 전통 양조의 강점(캐스크 숙성 에일 등)과 신세계의 재료 및 양조 방식을 훌륭하게 결합한 맥주를 꾸준히 선보이고 있다. 넷째, 여기 실린 에스프레소 흑맥주를 비롯해 모든 맥주가 뛰어나게 맛있다. 사실상 흑색 곡물에 해당되는 건 로스티드 발리Roasted barley뿐이라는 것을 고려하면, 이 맥주는 스타우트라고 불릴 정도로 묵직하지는 않다. 로스티드 발리는 조금 더 무거운 축에 속하는 맥주에 유용하게 쓸 수 있는 개성 있는 곡물이다. 드럼형 로스터에서 고온에 구워지므로 커피 같은 특성을 띠기도 한다. 로스티드 발리는 분쇄 커피에서 오는 강렬한 쓴맛을 부드럽게 감싸주는 황홀한 단맛을 제공한다. 커피가 들어가는 다른 맥주는 이 레시피보다 커피가루를 더 많이 사용할지 모른다. 다크스타식 커피 맥주는 양조 과정에서 한 차례 더 양조를 한다고 볼 수 있겠다. 다른 말로 하면, 이 맥주는 모닝 커피의 대체재가 되지는 못하더라도, 오묘한 블랙 커피의 맛을 겹겹이 쌓아 올린 훌륭한 맥주다.

곡물

페일 에일 몰트(Pale ale malt), 3kg/6lbs 10oz (70%)

밀 몰트(Wheat), 690g/1lb 8oz (16%)

로스티드 발리(Roasted Barley), 470g/1lb 1oz (11%)

카라몰트(Caramalt), 130g/4.6oz (3%)

당화

67℃에서 60분

홉

챌린저(Challenger), 30g/1.1oz, 60분

챌린저(Challenger), 11g/0.4oz, 0분

효모

단스타 노팅엄에일(Danstar Nottingham Ale), 또는 화이트랩 WLP039 노팅엄에일(White Labs WLP039 Nottingham Ale)

발효

20℃

기타 재료

구할 수 있는 최고 품질의 신선한 아라비카 커피가루를 끓임 단계 마지막에 22g/0.8oz 섞는다. 아로마 홉을 우려내듯이 커피를 우려낸 후 발효조로 옮긴다. 커피 찌꺼기를 청소하는 것도 일이므로 눈이 촘촘한 주머니를 사용하면 좋다.

Beavertown Brewery

비버타운 브루어리

영국 런던 토트넘

로건 플랜트Logan Plant가 런던의 술집 지하실에 비버타운 브루어리를 세운 지 몇 년 되지 않았지만, 짧은 시간 동안 이 브루어리는 많은 것을 이루었다. 설립자의 바비큐 레스토랑인 듀크스 브루앤큐Duke's Brew & Que 지하실에서 시작된 이 브루어리는 이내 해크니윅Hackney Wick의 전용 공장으로 이전하더니, 더욱 규모를 확장하며 토트넘의 대형 부지로 옮겼다. 듀크스 레스토랑에서 풀드포크를 먹는 손님에게 제공하는 수준을 훌쩍 뛰어넘어 오늘날 비버타운은 런던 북부의 본사로부터 전 세계 20여 개국에 맥주를 수출한다. 다만 한 가지 만큼은 일관성을 유지했고, 이는 동시에 계속되는 확장의 동력이 되었다. 바로 전통에 얽매이지 않으며 용감한 실험 정신을 통해 탄생한 훌륭한 맥주 라인업 말이다. 스파이시한 에잇볼8-Ball 호밀 IPA나 스모그 로켓Smog Rocket을 비롯하여 몇몇 초창기 맥주는 식당 지하실에서 개발되어 비버타운의 핵심 라인업에 일조했다. 전 세계의 혁신적인 브루어들과의 협업으로 탄생하거나(요리용 브램리 사과로 만든 세종 등) 기간 한정판으로 생산된 맥주도 있다. 또 다른 맥주들은 '컬트 맥주'의 의미를 재정의한다. 매년 비버타운 7.2% 블러드오렌지 IPA가 출시될 때면 팬들은 운 좋게 물량을 확보한 술집이나 주류점에 벌떼같이 몰려간다. 핵심 라인업은 캔맥주로도 생산된다. 신선함과 환경을 중시하는 태도의 결과물이다. 비버타운 성공의 중심에는 초창기부터 확고했던 브랜드 정체성이 있다. 닉 드와이어Nick Dwyer는 전직 듀크스 직원으로, 비버타운 맥주에서 영감을 얻은 스케치를 로건에게 보여주었다. "맥주 라벨이 필요하면 이런 것은 어떨까요?" 오늘날 닉은 비버타운의 크리에이티브 디렉터직을 맡고 있으며 그가 디자인한 맥주 캔은 호주, 미국, 홍콩 등 각지의 맥주 애호가들에게 사랑받고 있다.

BEAVE
RTOWN

BEAVERTOWN
SMOG ROCKET
SMOKED PORTER

Beavertown Brewery

비버타운 브루어리

영국 런던 토트넘

SMOG ROCKET | 스모그 로켓

스모크드 포터(Smoked Porter)

20 L / **5** GAL | ABV **5.4%**
OG **1.057** | FG **1.014**

이 맥주는 비버타운의 설립자 로건 플랜트의 오리지널 홈브루잉 레시피이다. 가정집 부엌의 홈브루잉 현장에서부터 50헥토리터짜리 생산체계까지 일관되게 적용되고 있다. 스모그 로켓의 몰트 배합은 무척 다양하다. 무려 아홉 종류나 들어가니 말이다! 이것은 복합적이고 흥미로운 포터를 만든다. 로스트 커피, 살짝 태운 토피 과자, 타들어가는 피트, 진한 초콜릿 풍미 사이를 휘돌아 지나는 훈연향은 그 모든 요소를 포괄하는 짙은 맛의 맥주에 부드럽게 깃들어 있다. 맥주에 훈연향을 과하게 입히면 이를 마시는 자를 나긋하게 환영하는 모닥불 향기 대신, 다른 맛을 압도하는 재떨이의 쓴맛을 만들 수 있다. 하지만 이 맥주에서는 훈제 몰트와 다른 재료의 균형이 아주 잘 잡혀 있다. 크리스탈 몰트, 브라운 몰트, 초콜릿 몰트, 카라몰트, 블랙 몰트는 각각 소량이 들어가지만 모두 합쳐졌을 때 아주 독특한 효과를 낸다. 홉의 경우 전반적인 균형을 맞추기 위해 넣는 정도지만(따라서 IBU도 꽤 낮다), 치누크 홉이 녹여내는 섬세한 훈연향이 살짝 드러나기도 한다. 비버타운은 자사 맥주를 거의 모두 캔맥주로도 시판하므로 세계 각지에서 구할 수 있다. 스모그 로켓 캔맥주가 눈에 들어온다면 냉큼 집어 들도록 하자.

곡물

페일 몰트(Pale malt), 1.53kg/3lbs 5.6oz (30%)

비치우드 스모크드 몰트(Beechwood Smoked malt), 1.53kg/3lbs 5.6oz (30%)

뮌닉 몰트(Munich malt), 560g/1lb 3.75oz (11%)

귀리 플레이크(Flaked oats), 410g/14.5oz (8%)

다크 크리스탈 몰트(Dark crystal malt), 310g/10.9oz (6%)

브라운 몰트(Brown malt), 310g/10.9oz (6%)

초콜릿 몰트(Chocolate malt), 310g/10.9oz (6%)

카라몰트(Caramalt), 100g/3.5oz (2%)

블랙 몰트(Black malt), 50g/1.8oz (1%)

당화

66℃에서 60분

홉

매그넘(Magnum), 8g/0.3oz, 60분

치누크(Chinook), 14g/0.5oz, 30분

효모

퍼멘티스 US-05 아메리칸 에일 (Fermentis US-05 American Ale)

발효

19℃

Brouwerij De Molen

브라우어라이 드 몰렌

네덜란드 보데그라벤

SPANNING & SENSATIE | 스파닝 앤 센자치

스파이스드 임페리얼 스타우트(Spiced Imperial Stout)

20 L / **5** GAL | ABV **9.8%**
OG **1.102** | FG **1.028**

역사적으로 네덜란드의 양조 문화는 인접국인 벨기에와 독일의 양조 전통에 가려진 감이 없잖아 있다. 그러나 이런 환경에서는 소규모 양조업이 번성하기 마련이다. 초소형 브루어리의 경우 하이네켄 맥주와 경쟁하는 시늉도 할 필요가 없으니 말이다. 풍차라는 뜻의 드 몰렌은 그중에서도 꾸준히 대담하고 훌륭한 이색 맥주를 선보여왔다. 유럽과 미국의 고전적인 맥주 스타일에서 영감을 얻은 수많은 맥주를 생산하고 그중 극소수만을 반복해서 생산하는 이곳은 네덜란드뿐만 아니라 전 세계적으로 보더라도 차별화된 브루어리이다. 스파닝 엔 센자치('스릴과 센세이션'이라는 뜻)는 '임페리얼 스타우트스럽다'고 자주 표현되는데, 확실히 강렬하며 흑표범처럼 짙고 로스티드 몰트 향미로 가득하다는 점에서 그렇다. 이처럼 특별히 강화된 포터는 원래도 맛이 풍부하지만, 이 맥주의 경우 카카오닙스, 고추, 소금으로 더욱 대담하게 개량되었다. 결과물은 아즈텍 다크 초콜릿 바를 통째로 녹인 핫초콜릿을 연상시키는 맥주로, 감초와 커피의 은은한 맛과 함께 몸을 따뜻하게 덥히는 알코올과 향신료 기운, 톡 쏘는 듯한 자극적인 맛이 흥미를 돋우는 멋진 술이다. 그러나 첨가물이 아무리 훌륭해도 맥주가 맛없으면 의미가 없다. 임페리얼 스타우트는 쉽게 만들 수 있는 종류가 아니므로 더욱 주의하자. 시간을 충분히 들이도록 한다. 포어라우프(재순환)도 천천히, 스파징 작업도 천천히, 따라내기도 천천히, 효모 투입도 천천히, 숙성도 천천히 말이다.

곡물

벨지안 필스너 몰트(Belgian pilsner malt), 4.03kg/8lbs 14oz (43%)

스모크드 몰트(Smoked malt), 1.22kg/2lbs 11oz (13%)

브라운 몰트(Brown malt), 940g/2lbs 1oz (10%)

크리스탈 몰트(Crystal malt) 60L, 940g/2lb 1oz (10%)

귀리 플레이크(Flaked oats), 840g/1lb 13.6oz (9%)

산성 몰트(Acid malt), 750g/1lb 10.5oz (8%)

초콜릿 몰트(Chocolate malt), 520g/1lb 2.3oz (5.5%)

로스티드 발리(Roasted Barley) 140g/4.9oz (1.5%)

당화

69℃에서 60분

홉

콜럼버스(Columbus), 60g/2.1oz, 90분

사츠(Saaz), 8g/0.3oz, 10분

효모

퍼멘티스 US-05 아메리칸 에일(Fermentis US-05 American Ale), 2봉지

기타 재료

분쇄한 카카오닙스, 100g/3.5oz

마담 제넷(Madame Jeanette) 칠리페퍼 1/2개

해염(Sea salt), 10g/0.35oz

전부 살균소독한 주머니에 넣어 1차 발효 후에 추가, 최대 1주일간 우려낸다.

Spanning &
Sensatie
Extra strong beer/
Bière extra-forte
Imperial Stout-ish
24.2° Plato
www.brouwerijdemolen.nl
61 EBU
Ingredients: water, pale, oat, smoked, caramel, brown, chocolate and roasted malts, premiant and saaz, yeast, cacao, chili peppers and sea salt.
Enjoy within 5 years. Keep cool and dark.
Recommended drinking temperature 10° C
Product of the Netherlands/Produit des Pays-Bas.
Produced by/Produit par:
Brouwerij de Molen, Doortocht 4, NL-2411 DS Bodegraven.
Unpasteurized
9.8% ALC/VOL.
33cl 330ml
please drink responsibly
bottled on: see back label
no deposit please recycle
8 717624 422102
BROUWERIJ
DE MOLEN

THROAT
PORTER
BREWING

Odell Brewing Company

오델 브루잉 컴퍼니

미국 콜로라도 콜린스

CUTTHROAT PORTER | 커스로트 포터

포터(Porter)

20 L / **5** GAL | ABV **5.1%**
OG **1.050** | FG **1.015**

오늘날 유수의 크래프트 맥주 브루어가 젖먹이일 시절부터 더그 오델Doug Odell은 홈브루잉을 해왔다. 현재 그는 미국에서 가장 존경받는 브루어 중 한 명으로, 실험 정신과 일관성 사이의 균형을 완벽하게 맞춘 훌륭한 맥주를 바탕으로 콜로라도에서 전 세계로 사업을 확장했다. 오델이 재해석한 90실링 스코티시 에일(실링은 파운드제 시행 이전 19세기 스코틀랜드에서 사용되던 에일 분류 체계를 가리킨다)은 1989년부터 꾸준한 스테디셀러이며 고전 반열에 오른 맥주인데, 여기 소개하는 커스로트 포터도 마찬가지다. 커스로트 포터의 이름은 콜로라도에 자생하는 멸종위기종 송어에서 따왔다. 엄밀히 말해 이 맥주는 로부스트 포터라기보다는 브라운 에일에 가깝다. 여타 로부스트 포터에 비해 로스티드 몰트의 비율이 낮기 때문이다. 매쉬 온도가 높아 풀바디한 맥주가 만들어지며 잉글리시 에일 효모는 에스테르 농도를 낮게 유지하며 깔끔한 맛을 내는 동시에 맥주에 잘 어울리는 부드러운 단맛을 낸다. 깊고 진한 이 맥주는 풍부한 커피, 초콜릿, 담배, 탄내를 가지고 있으며 여기에 플레임아웃 단계에 추가하는 영국산 이스트켄트골딩스 홉과 퍼글스 홉(이 스타일에서는 홉이 너무 두드러지지 않는 것이 선호된다), 그리고 높지 않은 ABV를 더하면 접근성이 좋고 천천히 마시기 좋은 포터가 완성된다.

곡물

페일 에일 몰트(Pale ale malt), 3.78kg/8lbs 5.3oz (79%)

카라몰트(Caramalt), 270g/9.5oz (5.5%)

초콜릿 몰트(Chocolate malt), 220g/7.8oz (4.5%)

크리스탈 몰트(Crystal malt) 53-60L, 170g/6oz (3.5%)

앰버 몰트(Amber malt), 170g/6oz (3.5%)

뮈닉 몰트(Munich malt), 110g/3.9oz (2.5%)

로스티드 발리(Roasted Barley), 60g/1.8oz (1.5%)

당화

68℃에서 60분

홉

너겟(Nugget), 캐스케이드(Cascade), 기타 고품질 비터링 홉, 24g/0.85oz, 60분, 목표 IBU 40

이스트켄트골딩스(East Kent Goldings), 12g/0.4oz, 0분

퍼글스(Fuggles), 10g/0.35oz, 0분

효모

WLP002 잉글리시 에일(WLP002 English Ale), 또는 이와 유사한, 깔끔한 저에스테르 효모

발효

20℃

Deschutes Brewery

데슈츠 브루어리

미국 오리건 벤드

BLACK BUTTE PORTER | 블랙 버트 포터

포터(Porter)

20 L / **5** GAL | ABV **5.2%**
OG **1.057** | FG **1.019**

데슈츠는 정직한 오리건 양조 문화를 인도하는 횃불이다. 고장에 흐르는 강 이름을 딴 데슈츠 브루어리는 1988년 브루어리 겸 술집으로 시작된 이래 줄곧 벤드에서 영업했다. 벤드는 오리건산 유명 홉 품종에 이름을 빌려줌으로써 전 세계 브루어들에게 익숙한 캐스케이드 산맥이나 윌라메트 국립공원 등 크래프트 맥주 성지에 둘러싸인 작은 마을이다. 오늘날 데슈츠는 미국 최대 규모의 크래프트 맥주 브루어리가 되었다. 실험적인 맥주와 (인기 높은 겨울철 햇홉 IPA를 포함하여) 계절한정 맥주를 단단하게 받쳐주는 기반은 안정적인 핵심 라인업인데, 블랙 버트 포터도 핵심 라인업 중 하나다. 블랙 버트라는 이름은 데슈츠 국립공원의 사화산에서 따왔다. 오랜 역사를 가진 미국 북서부 태평양 연안 지역의 브루어리가 시그니처 맥주로 포터를 내세우는 것은 용기가 필요한 전략이다. 그러나 이 풍성하고 달콤하며 크리미한 맥주는 페일 에일 만큼이나 쉽게 마실 수 있는 포터다. 브라보는 비교적 신품종(2006년 출시) 홉으로 브루어리 근처 지역에서 육종되었으며 알파산도가 높고 가벼운 과일 아로마를 가지고 있다. 이 품종에 더해 미국 크래프트 맥주업계에서 가장 널리 쓰이는 전설적인 캐스케이드 홉, 그리고 테트낭 품종이 함께 쓰인다. 주중 밤에도 편하게 마실 수 있는 포터지만 토요일 밤에 마시기에 충분한 개성을 가지고 있다.

곡물

두 줄 페일 몰트(2-row pale malt), 2.8kg/6lbs 2.8oz (63%)

초콜릿 몰트(Chocolate malt), 450g/1lb (10%)

밀 몰트(Wheat malt), 400g/14oz (9%)

크리스탈 몰트(Crystal malt) C75, 400g/14oz (9%)

카라필스(Carapils), 400g/14oz (9%)

당화

54℃에서 매쉬인 후 10분간 보온 유지.
69℃까지 가열 후 30분 동안 휴지.
75℃에서 매쉬아웃 후 최소 5분간 유지.

홉

브라보(Bravo) 14% AA, 14g/0.5oz, 60분

캐스케이드(Cascade) 6% AA, 14g/0.5oz, 30분

테트낭(Tettnang) 5% AA, 28g/1oz, 5분

효모

화이트랩 WLP002 잉글리시 에일(White Labs WLP002 English Ale), 또는 더블유이스트 1187 링우드 에일(Wyeast 1187 Ringwood Ale)

발효

17℃

Ninkasi Brewing Company

닌카시 브루잉 컴퍼니

미국 오리건 유진

OATIS | 오티스

오트밀 스타우트(Oatmeal Stout)

20 L / **5** GAL | ABV **7%**
OG **1.072** | FG **1.020**

오리건은 크래프트 맥주 애호가가 살기에 참 좋은 곳이다. 수십 개의 브루어리가 이곳 비버 스테이트(오리건 주의 애칭)에 터를 잡고 훌륭한 맥주를 생산하니 말이다. 인구 대비 브루어리 수는 포틀랜드가 더 많지만, 유진 역시 그에 못지 않게 크래프트 맥주 팬이 살기 좋은 도시다. 유진 시에는 닌카시 말고도 현지 재배된 홉의 맛을 잘 살리기로 정평이 난 홉 밸리Hop Valley나 오크셔Oakshire 등 다수의 브루어리가 성업 중이다. 닌카시는 으레 크래프트 맥주에 결부되는 해골 장식이나 헤비메탈 이미지에서 시원스레 탈피하는 멋진 대안적 브랜드다. 닌카시 브루어리는 고대 수메르 문화권에서 맥주를 관장하는 여신에서 그 이름을 가져왔고, '맥주는 사랑이다Beer is Love'라는 프로그램을 통해 왕성한 기부 활동을 하며, 사용한 곡물을 여물로 활용하여 자연 방목되는 (운좋은) 소에게 먹인다. 무엇보다 닌카시에서는 훌륭한 맥주를 만든다. 오티스는 브루어리에 사는 마스코트격인 개 오티스에게 헌정하는 맥주로, 비록 오티스는 마실 수 없지만 우리 인간들은 이 맥주의 비단처럼 매끄러운 입맛과 진하고 깊은 로스트 풍미, 그리고 달콤한 몰트와 살짝 씁쓸한 너겟의 홉 향을 즐길 수 있다. 닌카시에서는 바닐라 오티스도 생산하는데, 일반 오티스보다 한결 더 크리미한 깊이를 가지고 있는 맥주다.

곡물

두 줄 페일 몰트(2-row pale malt), 4.86kg/10lbs 11.4oz (74%)

초콜릿 몰트(Chocolate malt), 390g/13.8oz (6%)

크리스탈 몰트(Crystal malt), 390g/13.8oz (6%)

귀리 플레이크(Flaked oats), 390g/13.8oz (6%)

비엔나 몰트(Vienna malt), 330g/11.6oz (5%)

로스티드 발리(Roasted barley), 130g/4.6oz (2%)

쌀겨(Rice hulls), 70g/2.5oz (1%)

당화

67℃에서 40분

홉

너겟(Nugget), 23g/0.8oz, 60분

너겟(Nugget), 23g/0.8oz, 30분

효모

화이트랩스 WLP005 브리티시 에일 (White Labs WLP005 British Ale)

발효

20℃에서 3~7일 동안 발효, 최종비중으로 맞추고 나서 2일간 유지. 이후 7~10일간 0℃에서 냉장

NINKASI BREWING COM
OATIS
OATMEAL STOUT

Põhjala

포할라

에스토니아 탈린

ODENSHOLM | **오덴스홀름**

임페리얼 포터(Imperial Porter)

20 L / **5** GAL | ABV **9%**
OG **1.083** | FG **1.019**

대다수 외국인들에게 있어 에스토니아 맥주를 상징하는 것은 비루Viru다. 비루란 독특한 탑 모양 병에 담겨 유통되는 필스너로, 특이한 포장에 비해 내용물은 별 관심을 끌지 못하는 편이다. 하지만 그런 시대는 이제 끝났다. 오늘날 이 동유럽 국가에도 크래프트 맥주 문화가 진지하게 정착하고 있으며 몇몇 젊은 브루어리에서 기억에 남을 만한 맥주를 생산하고 있다. 포할라 브루어리는 수도 탈린에 위치해 있으며 전직 브루독(118쪽 참조)의 브루어인 스코틀랜드 출신 크리스토퍼 필킹턴Christopher Pilkington이 헤드 브루어를 역임하고 있다. 포할라는 북유럽의 빅네임 중 하나인 노르웨이의 럴빅(93쪽 참조) 브루어와 협업하여 이 한겨울처럼 새까만 임페리얼 포터를 개발했다. 이처럼 강렬한 스타우트를 자주 '사이즈'가 어떠하다는 식으로 표현하는데, 크기로 따지자면 이 오덴스홀름은 자칫하면 길을 잃어버릴 만큼 광대한 맥주다. 호밀과 초콜릿 호밀 몰트는 강렬한 향신료의 첫인상을 주며, 몸을 데우는 알코올과 홉의 쓴맛은 저온 장시간 숙성을 통해 새로운 차원으로 도약한다. 반드시 건강한 효모를 사용하자. 효모가 할 일이 아주 많다. 크리스토퍼는 이 맥주를 피노누아 와인이 담겼던 오크통에서 한번 더 숙성시킨다. 당신도 기회가 된다면 꼭 시도해보라. 크리스토퍼에 따르면 "카라파 몰트의 짙은색 베리 향미와 초콜릿 호밀이 완벽하게 섞여 들도록 하는" 작업이다. 추운 밤, 좋은 동반자가 될 만한 한 병이다.

곡물

바이킹 페일 몰트(Viking pale malt), 4.84kg/10lb 10.7oz (62.5%)

호밀 몰트(Rye malt), 1.55kg/3lb 6.7oz (20%)

카라파 스페셜 2형 몰트(Carafa Special Type-II malt), 500g/1lb 1.6oz (6.5%)

초콜릿 호밀 몰트(Chocolate rye malt), 390g/13.8oz (5%)

스페셜B 몰트(Special B malt), 390g/13.8oz (5%)

당화

68℃에서 45분

홉

매그넘(Magnum) 또는 CTZ, 50g/1.76oz, 60분

치누크(Chinook), 20g/0.7oz, 0분

효모

화이트랩스 WLP090 샌디에이고 슈퍼 (White Labs WLP090 San Diego Super)

발효

19℃, 이후 0℃에서 4주간 숙성

기타 재료

데메라라 설탕(Demerara sugar), 80g/2.8oz (1%), 끓임 단계 중간쯤 첨가

PÕHJALA
LERVIG
AKTIEBRYGGERI
ODENSHOLM
PORTER · 9.0%

THE KERNEL
EXPORT INDIA
PORTER

The Kernel Brewery

더 커널 브루어리

영국 런던 버몬지

EXPORT INDIA PORTER | 엑스포트 인디아 포터

엑스포트 인디아 포터(Export India Porter)

20 L / **5** GAL | ABV **6%**
OG **1.060** | FG **1.016**

더 커널 브루어리에서 빼어난 맥주가 생산된다는 사실은 개인의 주관적인 의견이 아니다. 이건 진리다. 이 브루어리의 모든 요소가 간결함을 표방한다. 수작업으로 인쇄된 갈색 라벨에는 필요한 최소한의 정보만 담겨 있다(테이스팅노트라든가 내용물이 당신의 인생을 뒤바꿀 것이라는 구구절절한 야심은 없다). 짧고 굵은 맥주 라인업은 자주 바뀌지만 언제나 종래의 스타일에 충실하며 완벽하게 만들어진다. 주력 상품은 홉이 풍부한 IPA와 페일에일에 더해 가볍게 마실 수 있는 테이블 비어Table Beer의 한 종류이며, 거기에 사우어 맥주나 스타우트 및 포터 등 전통적인 런던 맥주 스타일을 재해석한 맥주 몇 종류가 더 있다. 여기 소개하는 엑스포트 인디아 포터는 홉 사용에 큰 제한을 두지 않는다. 19세기 양조 관행에 충실한 것이다. 품종 역시 지정되지 않았다. 사용하는 홉 종류가 기밀이기 때문이 아니라, 고정된 레시피가 없기 때문이다. "우리는 다양한 홉 품종으로 실험하는 것을 좋아합니다." 설립자 에빈 오리오데인Evin O'Riordain의 말이다. "어두운 몰트와 결합하면 아주 색다른 풍미를 만들어낼 수 있고, 바로 그 점이 매혹적인 겁니다." 영국 맥주의 전통적 특성을 부각시키려면 브램링 크로스Bramling Cross가 좋겠지요. 신세계 국가 맥주의 조금 더 거친 느낌을 살리려면 콜럼버스Columbus도 매우 좋습니다." 여기 실린 레시피는 영감을 얻는 정도로만 활용하되, IBU 수치는 48 정도를 목표로 하면 좋다. 더 커널 브루어리에서는 염화칼슘 농도가 높은 런던 지역의 경수를 사용한다.

곡물

마리스오터 몰트(Maris Otter malt), 3.96kg/8lbs 11.7oz (75.5%)

브라운 몰트(Brown malt), 370g/13oz (7%)

초콜릿 몰트(Chocolate malt), 370g/13oz (7%)

다크 크리스탈 몰트(Dark crystal malt), 370g/13oz (7%)

블랙 몰트(Black malt), 180g/6.3oz (3.5%)

당화

약 69℃에서 60분

홉

12% AA, 10g/0.35oz, 퍼스트워트호핑

12% AA, 10g/0.35oz, 15분

12% AA, 14g/0.5oz, 10분

12% AA, 20g/0.7oz, 5분

12% AA, 40g/1.4oz, 병이나 케그에 옮겨담기 전 3일 동안 드라이호핑

효모

더 커널 브루어리에서는 자체 균주를 사용한다. 화이트랩스 WLP013 런던 에일(White Labs WLP013 London Ale)과 같이 지역적 특성에 적합한 균주를 선택하면 되겠다.

발효

20℃에서 발효. 10~14일 동안 숙성하며 15~20℃를 유지 (이 점을 잘 지켜야 맥주에 기포가 제대로 든다).

To Øl

투 올

덴마크 코펜하겐

BLACK BALL | 블랙 볼

포터(Porter)

20 L / **5** GAL | ABV **7.1%**
OG **1.084** | FG **1.024**

덴마크어를 못하는 사람을 위해 알려주자면, '투 올'이라고 발음되는 이 이름은 '맥주 두 잔'이라는 뜻이다. 어느 언어로도 이보다 아름다운 말을 찾기는 어려울 듯하다. 2005년, 당시 학생이었던 공동 설립자 토비아스Tobias Emil Jensen와 토르Tore Gynther에게는 무척 쿨한 과학 선생이 있었는데, 그가 바로 훗날 미켈러의 대표가 되는 미켈 보리 비야르쇠다(108쪽 참조). 가장 대표적인 덴마크산 맥주(당신은 이미 어느 것인지 알고 있다)에 대한 실망을 공유하던 이 세 사람은 방과 후 학교 탕비실에서 맥주를 만들기 시작했다. 학교측에서는 이 활동에 전혀 문제를 제기하지 않았으며, 결과적으로 전 세계 맥덕들에게 좋은 일을 한 셈이다. 덴마크가 세계에서 제일 살기 좋은 곳이라는 것을 아직도 믿지 못하는 사람이 있다면 이 일화가 당신을 설득했길 바란다. 혁신적인 경향의 투 올은 정해진 부지가 없다. 즉 집시 브루어리다. 하지만 모험적인 맥주와 아름다운 디자인을 꾸준히 생산하고 있다. 여기 실린 블랙 볼은 평범한 포터가 아니다. 몰트 배합은 다채롭고 오묘하며 흥미롭고, 비정제 설탕이 들어가 더욱 재미있는 맥주가 탄생하며, 넉넉히 첨가된 홉은 깊고 어두운 맥주에 밝은 일면을 제공한다. 홉이 강한 포터인가, 블랙 IPA인가, 인디아 스타우트인가? 알 게 뭔가, 이렇게 맛있는데.

곡물

필스너 몰트(Pilsner malt), 4.15kg/9lbs 2.4oz (57%)

로스티드 발리(Roasted barley), 700g/1lb 8.7oz (9.5%)

스모크드 몰트(Smoked malt), 610g/1lb 5.5oz (8%)

귀리 플레이크(Flaked oats), 530g/1lb 2.7oz (7%)

초콜릿 몰트(Chocolate malt), 440g/15.5oz (6%)

카라뮈닉(Caramunich), 350g/12.4oz (5%)

브라운 몰트(Brown malt), 210g/7.4oz (3%)

당화

67℃에서 60분, 72℃에서 15분

홉

심코(Simcoe) 13% AA, 26g/0.9oz, 60분

심코(Simcoe) 13% AA, 20g/0.7 oz, 15분

센테니얼(Centennial) 10% AA, 20g/0.7oz, 10분

캐스케이드(Cascade) 6.5% AA, 30g/1oz, 1분

효모

화이트랩스 WLP002 잉글리시 에일 (White Labs WLP002 English Ale)

발효

20~21℃

기타 재료

데메레라(Demerera), 카소나드(Cassonade), 또는 이와 유사한 흑설탕 210g/7.4oz (4.5%), 당화 단계에서 첨가

Brown, Belgian, bitter & Strong

브라운, 벨지안, 비터, 스트롱

브라운 에일은 몰트향이 진하고 마호가니 빛을 띠며 깊다. 벨지안 맥주는 과일향이 나며 독특한 효모 균주를 사용하며 바디감은 가벼운 반면 도수는 높다. 잉글리시 비터는 무난하고 홉 향은 가벼운 편이다. 스트롱 에일은 많은 양의 몰트로 인해 알코올 도수가 높고 그로 인해 알코올 기운을 느낄 수 있다.

Nøgne Ø

뇌그너

노르웨이 그림스타드

100

발리와인(Barleywine)

20 L / **5** GAL | ABV **10.1%**
OG **1.092** | FG **1.015**

최초로 시판된 발리와인은 1903년에 출시된 바스 No.1 Bass No.1이었다. 100년 넘게 지난 지금 뇌그너에서 생산하는 발리와인은 영국 버톤-온-트렌트에서 시작된 선구자의 뒤를 이을 자격이 충분하다. 잘만 만든다면 발리와인은 훌륭한 보르도 와인과 견줄 수 있다. 다만 만들기가 어려울 뿐이다. 발리와인에 들어가는 곡물의 양이 많아 작업이 어려울 뿐더러 필요한 당분을 남김없이 추출하는 작업도 까다롭다. 곡물층이 무거워서 여과도 어려워진다. 목표한 초기비중을 맞추는 데 실패하면 ABV 목표치도 달성하지 못하게 되는데, 도수가 낮으면 발리와인이라고 할 수 없다. 이를 고려하면 맥아 추출물을 따로 추가해서 발효에 들어가기 전 초기비중을 높이는 것도 나쁜 생각은 아니다. 필요하다면 시도해보자. 발리와인이 응당 가져야 할 높은 도수를 확보하는 또 다른 방법은 맥즙의 양을 반씩 나누어 따로 만든 후 합치는 것이다. 효모도 몹시 중요하다. 발효도가 낮으면 제대로 발효되지 않아 술 대신 몹시 들척지근하고 맛없는 시럽을 얻게 될 것이다. 액상 효모를 권장한다. 두 봉지는 쓰는 것이 좋다. 1차 발효가 끝나면 한 번 랙킹을 해주어 효모를 덜어내고, 3~4주 후에 이 작업을 반복해준다. 프라이밍이나 병입은 이 작업이 끝난 후에 생각해볼 문제다. 발리와인을 만드는 데 있어 그 어떤 요소도 서둘러서는 안 된다!

곡물

마리스오터(Maris Otter), 6.85kg/15lbs 1.6oz (88%)

밀 몰트(Wheat malt), 800g/1lb 12.2oz (10%)

초콜릿 몰트(Chocolate malt), 160g/5.64oz (2%)

당화

63℃에서 90분

홉

치누크(Chinook), 70g/2.5oz, 90분

센테니얼(Centennial), 50g/1.8oz, 15분

센테니얼(Centennial), 50g/1.8oz, 5분

콜럼버스(Columbus), 50g/1.8oz, 0분

치누크(Chinook), 50g/1.8oz, 드라이 호핑

효모

화이트랩스 WLP007 드라이 잉글리시에일(White Labs WLP007 Dry English Ale), 또는 단스타 노팅엄에일 (Danstar Nottingham Ale)

발효

20℃

특별사항

발리와인은 멀리 보고 만들어야 하는 맥주다. 잠재력을 모두 발휘하려면 병입 후에도 오랫동안 부드럽게 숙성시켜야 한다(탄산 생성만 해도 1~2개월이 걸린다). 반년쯤 숙성해도 된다는 것은 과장이 아니다. 오히려 더 오래 두어도 된다. 어둡고 조용한 곳에 보관하는 것이 좋고, 가끔씩 한 병씩 개봉하여 맛의 변화 과정을 살펴본다.

100
BARLEY WINE-STYLE ALE

RENAISSANCE
BREWING COMPANY
SCOTCH ALE
A malty, rich and
full bodied ale

Renaissance Brewing

르네상스 브루잉

뉴질랜드 블레넘

STONECUTTER SCOTCH ALE | 스톤커터 스카치 에일

스모크드 스카치 에일(Smoked Scotch Ale)

20 L / **5** GAL | ABV **7%**
OG **1.074** | FG **1.021**

뉴질랜드 남섬의 최북단에 위치한 말보로 지역은 와인 양조로 이름난 곳이다. 포도 농사는 목이 타는 작업이다. 힘들게 일하는 농부들이 한숨 돌릴 때마다 엄청난 수상 실적에 빛나는 이 르네상스 맥주를 마실 수 있으니 얼마나 다행인가? 신세계 국가에서 생산되는 여타 맥주처럼 스톤커터 스카치 에일 역시 전통적인 유럽 맥주에서 영감을 얻어 만들어졌다. 여기서 모델이 된 맥주는 스코틀랜드의 위 헤비wee heavy로, 에딘버러에서 유래한 독하고 든든한 에일이다. 이 맥주는 몰트가 좌우한다. 아홉 종의 몰트는 로스팅 되거나 구운 향기와 함께 초콜릿과 토피의 복합적인 풍미를 제공하고, 아주 약간 첨가되는 스모크드 몰트는 가늘고 섬세한 한 줄기 연기를 피어올린다. 그러나 뉴질랜드 맥주인 만큼 현지에서 재배된 홉도 들어간다. 스톤커터는 덩치가 무척 큰 맥주인 만큼, 그 묵직한 풍미를 잘 살리려면 한동안 나무에 숙성시키는 것도 방법이다. 르네상스에 근무하는 헤드 브루어 앤디 듀카스Andy Deuchars는 오크 숙성칩 15g/0.5oz 정도를 3~5주 정도 발효조에 첨가하는 것을 권장한다. 오크칩을 멸균된 주머니에 넣고 2차 발효조에 넣으면 일주일에 한 번 정도 샘플을 채취해 오크향이 얼마나 배어들었는지 확인할 수 있다. 집에 숙성통이 없다면 이 방법을 추천한다!

곡물

페일 에일 몰트(Pale ale malt), 2.5kg/5lbs 8.18oz (68%)

앰버 몰트(Amber malt), 500g/1lbs 1.6oz (6.8%)

카라앰버(CaraAmber), 500g/1lbs 1.6oz (6.8%)

비스킷 몰트(Biscuit malt), 250g/8.8oz (3.5%)

미디움 크리스탈 몰트(Medium crystal malt), 250g/8.8oz (3.5%)

페일 크리스탈 몰트(Pale crystal malt), 250g/8.8oz (3.5%)

비엔나 몰트(Vienna malt), 250g/8.8oz (3.5%)

밀 몰트(Wheat malt), 250g/8.8oz (3.5%)

스모크드 몰트(Smoked malt), 60g/2.1oz (0.9%)

당화

필요한 발효도를 얻기 위해서는 고온에서 당화한다. 68℃에서 60분

홉

(60분 끓임)

서던 크로스(Southern Cross) 14% AA, 20g/0.7oz, 퍼스트워트호핑

퍼시픽 제이드(Pacific Jade), 16g/0.6oz, 홉백 또는 월풀

효모

더블유이스트 1968 런던 에일(Wyeast 1968 London Ale)

발효

20℃

Weird
Brew Co.
Beard
BORING
BROWN BEER
AN IMPERIAL BEST BITTER
330
ML
8.2%
ABV

Weird Beard Brew Co

위어드 비어드 브루 컴퍼니

영국 런던 한웰

BORING BROWN BEER | 보어링 브라운 비어

임페리얼 베스트 비터(Imperial Best Bitter)

20 L / **5** GAL | ABV **7.2%**
OG **1.069** | FG **1.013**

'지루한 갈색 맥주'라는 이름이 환기하는 이미지는 크래프트 맥주의 안티테제에 가깝다. 지역에 상관없이 아무 펍에서나 마실 수 있으며 서로 바뀌어도 별 차이를 느끼지 못할, 소비자에게 어떤 흥분도 모험도 제공하지 못하는 보수적인 맥주 말이다. 하지만 위어드 비어드의 보어링 브라운 비어는 단연코 지루하지 않다. 보어링 브라운 비어는 몇 종류의 아메리칸 브라운 비어를 포함하며, 각기 다른 홉을 단 한 종류만 사용하여 무척 인상적인 효과를 낸다. 이 책에서는 그중에서도 치누크 레시피를 소개하고자 한다. 허브와 향신료 아로마에 심지어는 자몽까지 더해 스페셜B 몰트의 진한 캐러멜 풍미와 균형을 맞춘다. 몰트 두 종류에 홉 한 종류만 들어가지만 무척 다채로운 개성을 지녔다. 레시피는 단순하여 꼼수 부릴 구석이 없으므로 안정적인 양조 기술이 먼저 갖춰져야 할 것이다. 위어드 비어드는 홈브루어들에게 있어 영감의 원천이다. 공동 설립자 그렉Gregg Irwin과 브라이언Bryan Spooner은 수 년간 취미로 양조 실험을 하다가 프로 브루어가 되었다. 시선을 끄는 해골 모양의 로고는 도수 3.8%에 홉이 많이 들어간 세션 에일, 리틀 싱스 댓 킬Little Things That Kill에서부터 배럴에 숙성시킨 사다코Sadako 임페리얼 스타우트까지 모든 맥주병의 라벨을 장식한다. '꼼수 없이, 헛짓 없이, 일부러 홉을 덜 넣는 일 없이'가 그들의 슬로건이다. 우리 모두 새겨 들어야 할 말이다.

곡물

페일 몰트(Pale malt), 5.3kg/11lbs 11oz (84%)

스페셜B 몰트(Special B malt), 1.1kg/2lbs 6.8oz (16%)

당화

64℃에서 75분

홉

치누크(Chinook) 13% AA, 50g/1.8oz, 60분

치누크(Chinook) 13% AA, 20g/0.7oz, 30분

치누크(Chinook) 13% AA, 20g/0.7oz, 15분

치누크(Chinook), 13% AA, 20g/0.7oz, 0분

효모

화이트랩스 WLP007 드라이 잉글리시에일(White Labs WLP007 Dry English Ale)

발효

1차 발효의 경우 19℃에서 4일, 2차 발효는 10일

Birrificio del Ducato

비리피초 델 두카토

이탈리아 에밀리아로마냐 소라그나

WINTERLUDE | 윈터루드

트리펠(Tripel)

20 L / **5** GAL | ABV **8.8%**
OG **1.079** | FG **1.012**

맥주가 트라피스트 인증을 받으려면 특정 소수의 수도원에서 양조되어야 하며, 모든 이윤이 자선 활동에 기부되어야 한다. 네덜란드, 이탈리아, 심지어는 미국 매사추세츠에도 자격 있는 수도원이 있지만 대부분은 벨기에에 있다. 트리펠은 베네룩스 지역에서 유래한 도수 높은 에일로, 전통적인 트라피스트 맥주의 한 스타일이다. 델 두카토의 멋진 윈터루드를 만들거나 즐기기 위해 청빈하고 금욕적인 삶을 살 필요는 없지만, 전통적인 유럽산 홉과 벨지안 효모와 캔디슈가가 들어간 윈터루드는 본래 스타일에 충실하다. 이런 간단한 재료에서 만화경을 들여다 보듯 다채로운 맛이 만들어진다. 파르마 근교 소라그나 마을에서 조반니 캄파리Giovanni Campari가 운영하는 이 브루어리는 현지 토양과 근원적으로 맞닿은 맥주를 생산하며, 맥주들은 저마다 나름의 탄생 비화로 감동을 전한다. "윈터루드는 실종된 친구에게 헌정하는 맥주입니다. 언덕 너머 숨어 버린 태양처럼, 언젠가 다시 만날 수 있기를 바랍니다." 윈터루드는 장기 숙성에 어울리는 맥주다. 트리펠 맥주는 2차 발효를 거치면 더욱 맛이 좋아지며, 병입 후 수 개월 숙성시켜도 좋다. 훌륭한 와인에나 바칠 법한 입맛 다시기와 간증이 뒤따를 것이다.

곡물

필스너 몰트(Pilsner malt), 5.95kg/13lbs 1.9oz (86.5%)

산성화 몰트(Acidulated malt), 290g/10.2oz (4%)

카라필스(Carapils), 190g/6.7oz (3%)

당화

66℃에서 60분

홉

허큘리스(Herkules), 4g/0.14oz, 70분

마린카(Marynka), 13g/0.45oz, 5분

위트브레드 골딩스 버라이어티 (Whitbread Goldings Variety), 25g/0.9oz, 0분

효모

더블유이스트 3787 트라피스트 하이그래비티(Wyeast 3787 Trappist High Gravity)

발효

20℃

기타 재료

백색 캔디슈가 450g/15.9oz (6.5%), 끓임 단계 중간에 더한다. 끓임조에 눌어붙지 않도록 모두 녹아들 때까지 잘 저어준다.

winterlude
ANDANDO IN UN'ARIA DI VETRO, ARIDA,
RIVOLGENDOMI

Stillwater Artisanal

스틸워터 아티저널

미국 메릴랜드 볼티모어 & 뉴욕 브루클린

OF LOVE & REGRET | 오브 러브 앤 리그렛

보타니컬 팜하우스 에일(Botanical Farmhouse Ale)

20 L / **5** GAL | ABV **7%**
OG **1.058** | FG **1.004**

오브 러브 앤 리그렛(이는 메릴랜드주 볼티모어의 브루어스 힐 지구에 있는 스틸워터 아티저널 바의 이름이기도 하다)은 '보타니컬 팜하우스 에일'로 묘사되지만, 특정 분류에 끼워맞출 필요 없는 맥주다. 한 모금 마시자마자 보통 맥주가 아니라는 것을 깨닫게 될 것이다. 벨기에 맥주에 향신료나 과일 등 천연 첨가물이 들어가는 것은 드문 일이 아니지만 이 맥주의 경우 특별히 독창적인 접근법을 취하고 있다. 끓임 단계에 추가되는 헤더, 카모마일, 민들레, 라벤더는 풀냄새와 향신료 내음이 주도적인 스털링 홉 및 스티리언 골딩 홉과 얽혀들어 오묘한 정원의 풍미를 낸다. 이 맥주의 강렬한 플로랄 노트는 흡사 여름철에 야생화가 흐드러진 벨기에의 홉 재배지를 연상시킨다. 프랑스 세종 효모는 허브 향미를 강조하며 드라이한 뒷맛에 필요한 높은 발효도를 필요로 한다. 아로마틱 몰트는 아주 독특한 몰트향과 깊은 구리색을 입히는 스페셜 몰트이다(대체재는 없다). 이런 종류의 벨지안 에일은 자유로운 해석을 유도하며 브루어로 하여금 상상력을 발휘해 예술의 경지에 도전하게끔 한다. 창의력을 발휘하라!

곡물

필스너 몰트(Pilsner malt), 4kg/8lbs 12oz (78%)

밀 몰트(Wheat malt), 510g/1lb 2oz (10%)

비엔나 몰트(Vienna malt), 510g/1lb 2oz (10%)

벨지안 아로마틱 몰트(Belgian aromatic malt), 100g/3.5oz (2%)

당화

63℃에서 45분, 75℃에서 15분

홉

매그넘(Magnum) 14% AA, 7g/0.25oz, 75분

스털링(Sterling) 7.5%, 15g/0.53oz, 10분

스털링(Sterling), 28g/1oz, 0분

스티리언 골딩(Styrian Golding), 14g/0.5oz, 0분

효모

더블유이스트 3711 프렌치세종(Wyeast 3711 French Saison)

발효

23℃에서 첨가, 이후 24℃로 자연스럽게 올라갈 수 있게 둔다. 효모 활동이 끝나면 콜드크래시로 마무리.

기타 재료

끓임 단계 마지막에 아래의 식물 재료를 거름망 주머니에 넣어 10분간 침지시킨다다.

헤더(Calluna vulgaris), 20g/0.7oz

단델리온(Dandelion), 12g/0.42oz

카모마일(Matricaria chamomilla), 8g/0.28oz

라벤더(Lavandula x intermedia), 4g/0.14oz

MANCHESTER
BITTER
DRY, BITTER, NORTHERN
BOTTLE CONDITIONED BEER PRODUCED
TO MANCUNIAN STANDARDS
ALC. 4.2% VOL.

Marble Brewery

마블 브루어리

영국 맨체스터

MANCHESTER BITTER | 맨체스터 비터

비터(Bitter)

20 L / **5** GAL | ABV **4.2%**
OG **1.040** | FG **1.008**

영국 북부 맨체스터는 맥주로 이름난 동네는 아니지만, 마블 브루어리는 뼛속까지 맨체스터 브루어리다. 케그와 병맥주뿐 아니라 캐스크 생산에도 힘쓰며, 직설적인 북부식 브랜드 이미지는 그 안에 든 맥주가 정직하고 든든하며 신뢰할 수 있다는 것을 보여준다. 상상할 수 있는 거의 모든 종류의 맥주가 이 브루어리의 문턱을 지났다. 독일식 랏첸비어latzenbier부터 버번 배럴에 숙성된 러시안 임페리얼 스타우트까지 특이한 맥주도 만들지만, 아무래도 마블은 19세기 산업혁명기에 맨체스터가 경험한 눈부신 발전의 원동력이 된 전통적인 에일에 주력한다. 이런 맥주들은 베스트Best, 잉글리시 IPA, 풍미 깊은 스타우터 스타우트Stouter Stout, 파인트Pint 등 직관적인 이름을 갖고 있다. 맨체스터 비터 역시 매일이라도 마실 수 있는 일상적인 비터다. 여기에 고전적인 '살짝 변형된 비터'의 모습도 보여준다. 비터에 응당 기대할 법한 단단한 몰트 베이스(마리스오터를 기반으로 다크 로스트 크리스탈 몰트 소량)가 있되, 홉 프로파일은 뉴질랜드산 와이메아와 모투에카를 사용해 색다르다. 이는 드라이하고 과일향이 살짝 감돌며 비터인 만큼 당연히 쓴맛 나는 마무리를 형성한다. 맨체스터의 대표 밴드인 더 스미스, 유나이티드와 맨시티의 라이벌 관계, 비 내리는 날씨만큼 이 비터는 고전적으로 맨체스터적인 물건이다.

곡물

마리스오터(Maris Otter), 3.2kg/7lbs 0.9oz (94%)

카라몰트(Caramalt), 140g/4.9oz (4%)

크리스탈 몰트(Crystal malt) 150L, 70g/2.5oz (2%)

당화

66℃에서 50분

홉

허큘리스(Herkules) 16.1% AA, 3g/0.1oz, 70분

골딩스(Goldings) 3.4% AA, 20g/0.7oz, 15분

와이메아(Waimea) 18% AA, 25g/0.9oz, 0분 (20분 동안 우리기)

모투에카(Motueka) 8% AA, 25g/0.9oz, 0분 (20분 동안 우리기)

효모

매우 뉴트럴하고 비터 스타일에 적합한 균주로 고를 것.

발효

18~21℃

Rogue Ales

로그 에일즈

미국 오리건 뉴포트

HAZELNUT BROWN NECTAR | 헤이즐넛 브라운 넥타

아메리칸 브라운 에일(American Brown Ale)

20 L / **5** GAL | ABV **6.2%**
OG **1.057** | FG **1.016**

너트 브라운 에일은 전통적인 영국 맥주로, 윤기 나는 그윽한 밤나무 색깔에 복합적인 로스티드 몰트 블렌드가 자아내는 너트의 향이 감돈다. 다만 너트 브라운 에일은 대체로 진짜 견과류를 함유하고 있지는 않다. 이 점에서 로그 에일즈의 헤이즐넛 브라운 넥타는 견과류 추출물을 섬세하게 주입하여 브라운 에일이라는 장르를 한 단계 위로 끌어올린다(노스웨스턴 사의 고품질 착향료는 브루어로 하여금 맥주에 가미되는 '너트 향'을 정확히 조절할 수 있게 해준다). 효모는 더블유이스트를 통해 유통되는 자가 균주인 로그 균주 팩맨Rogue strain Pacman을 이용한다. 오리건에 위치한 이 브루어리는 실험적이면서도 결코 부담스럽지 않은 맥주를 통해 맥주의 한계를 시험해왔다(믿기 어렵겠지만 칠리소스가 들어간 스리라차 핫 스타우트Sriracha Hot stout는 진짜 맛있다!). 이곳의 스탠다드 라인업은 전혀 스탠다드하지 않다. 데드가이 에일Dead Guy Ale은 의심의 여지 없이 미국에서 가장 유명한 헬러복hellerbock 맥주이며(그래, 미국에 알려진 헬러복 맥주가 이것뿐이라는 것은 인정하겠다), 셰익스피어Shakespeare 오트밀 스타우트는 전 세계 평점 순위에서 늘 상위를 유지한다. 로그 에일즈는 북미 대륙의 북서부 태평양 연안 지역에 자사 맥주에 사용될 재료(호박이나 호밀 등)를 재배하는 자체 농장도 운영하고 있다. 이 농장에서는 부디 맥주에 들어가지 말았으면 하는 재료(이를테면 칠면조)도 기르고 있다.

곡물

그레이트웨스턴 두 줄 페일 몰트(Great Western 2-row pale malt), 3.5kg/7lbs 12oz (59%)

그레이트웨스턴 뮈닉 몰트(Great Western Munich malt) 10L, 0.9kg/2lbs (15%)

그레이트웨스턴 크리스탈 몰트(Great Western Crystal malt) 75L, 680g/1lb 8oz (11%)

베어드 브라운 몰트(Baird Brown malt), 312g/11oz (5%)

그레이트웨스턴 크리스탈 몰트(Great Western Crystal malt) 15L, 255g/9oz (4%)

그레이트웨스턴 크리스탈 몰트(Great Western Crystal malt) 120L, 255g/9oz (4%)

프랑코벨주 클린 커피 몰트(Franco-Belges Kiln Coffee malt), 113g/4oz (2%)

당화

67℃에서 60분

홉

(70분 동안 끓인다.)

펄(Perle) 펠렛 9% AA, 17g/0.6oz, 60분

스털링(Sterling) 펠렛 5% AA, 14g/0.5oz, 0분(10분간 홉 스탠드)

효모

더블유이스트 1764 팩맨(Wyeast 1764 Pacman)

발효

16~18℃

기타 재료

병입 시 노스웨스턴 헤이즐넛 추출물(Northwestern hazelnut extract) 1/2 티스푼 첨가.

ROGUE
With Natural Hazelnut Flavor
ROGUE
ROGUE

Williams Bros Brewing Company

윌리엄스 브로스 브루잉 컴퍼니

스코틀랜드 알로아

80/-

스코티시 에일(Scottish Ale)

20 L / **5** GAL | ABV **4.2%**
OG **1.043** | FG **1.012**

전 세계 대부분의 맥주 소비자는 스카치 에일을 두고 강하고 달콤하며 그윽한 마호가니 색을 띄는 맥주를 생각할 것이다. 스카치 에일은 종종 '대물 탐의 킬트자락 훌러덩Big Tam's Kilt Lifter'과 같은 당혹스러운 이름을 가지고 있다. 놀랍지도 않지만 스코틀랜드 사람들이 일상적으로 마시는 술도 아니다. 스코틀랜드를 대표하는 맥주라고 하면 80실링이 더 적절한 후보자일지 모른다. 현지인들은 '80짜리80bob' 또는 그냥 '80'이라고도 하는 이 맥주의 이름은 배럴당 세금을 부과했던 옛 과세제에서 유래했다. 이 제도하에서는 맥주 도수와 품질이 높을수록 세금을 더 많이 부과했다. 스콧과 브루스 윌리엄스 형제는 스코틀랜드 센트럴벨트 지구의 역사적인 양조 허브인 알로아에 터를 잡고 스코틀랜드의 고대 양조법을 되살려내는 데 누구보다도 크게 기여해왔다. 이렇게 출시된 맥주에는, 홉이 본격적으로 사용되기 몇 세기 전의 양조법을 되살린 프로크 헤더 에일Fraoch heather ale과 (여기에서 소개할) 80/-이 있다. 풍부한 몰트와 잉글랜드산 비터링 홉의 사용은 전통적인 공법에 충실하지만 미국 북서부산 아로마 홉과 오렌지 필 추출물이 현대적인 풍성함을 더한다(다만 어디까지나 몰트 중심의 맥주이기에 이런 부재료의 존재감은 두드러지지 않는다). 게일어로 slainte!를 외치며 마셔보자.

곡물

페일 몰트(Pale malt), 2.87kg/6lbs 5oz (75%)

밀 몰트(Wheat malt), 380g/13.4oz (10%)

크리스탈 몰트(Crystal malt) 115L, 250g/8.8oz (6.5%)

초콜릿 몰트(Chocolate malt), 170g/6oz (4.5%)

도정된 귀리(Milled oats), 150g/5.3oz (4%)

당화

70℃에서 50분

홉

퍼스트골드(First Gold), 14.5g/0.5oz, 60분

사빈스키 골딩스(Savinski Goldings), 11g/0.4oz, 45분

아마릴로(Amarilo), 10g/0.35oz, 0분

캐스케이드(Cascade), 10g/0.35oz, 드라이 호핑

효모

화이트랩 WLP039 노팅엄 에일 (White Labs WLP039 Nottingham Ale)

발효

20℃

기타 재료

스위트 오렌지 필 40g/1.4oz, 끓임 단계 마지막 15분 동안 함께 끓인다.

80/

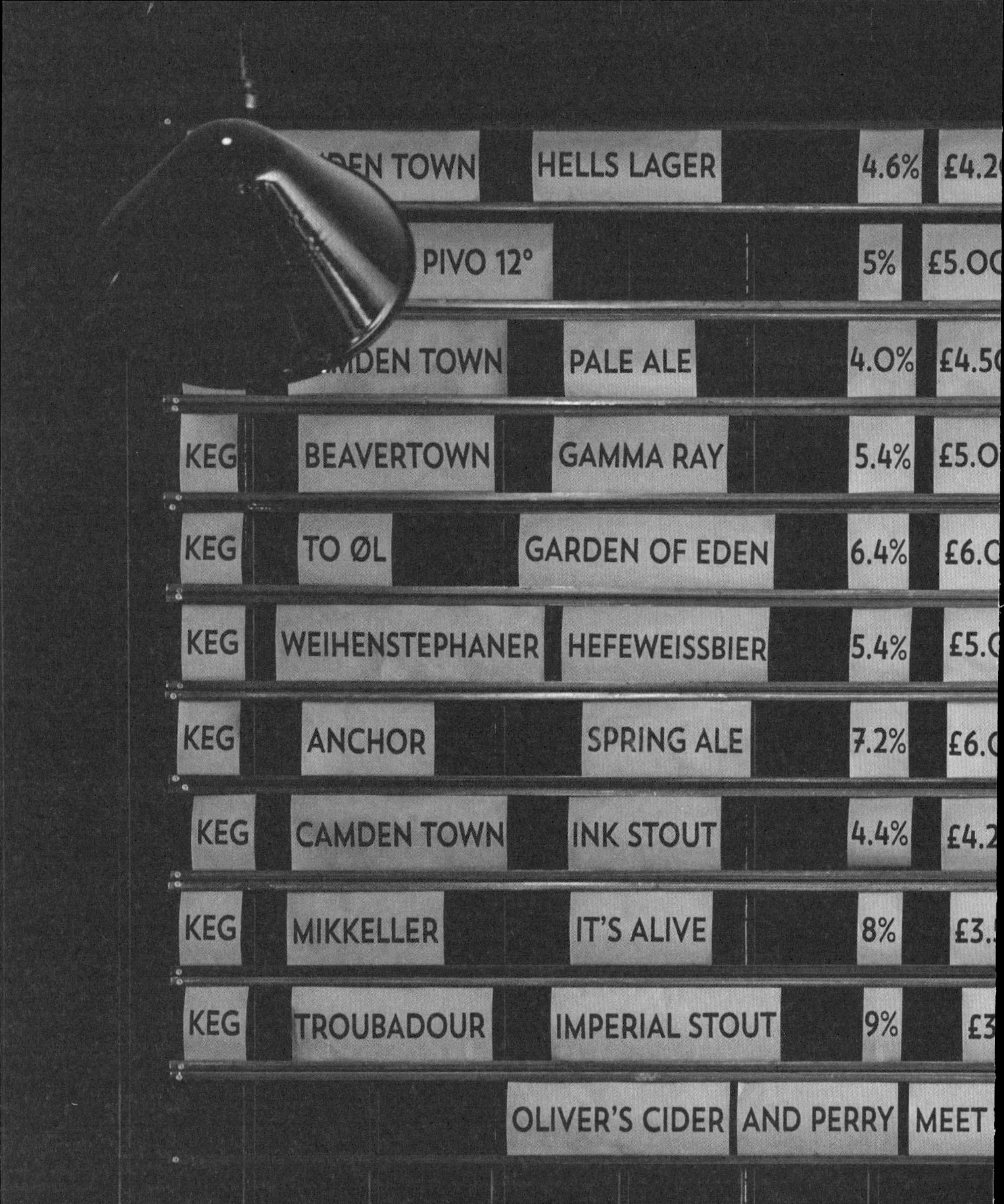
HELLS LAGER
4.6%
PIVO 12°
5%
PALE ALE
4.0%
KEG
BEAVERTOWN
GAMMA RAY
5.4%
KEG
TO ØL
GARDEN OF EDEN
6.4%
KEG
WEIHENSTEPHANER
HEFEWEISSBIER
5.4%
KEG
ANCHOR
SPRING ALE
7.2%
KEG
CAMDEN TOWN
INK STOUT
4.4%
KEG
MIKKELLER
IT'S ALIVE
8%
KEG
TROUBADOUR
IMPERIAL STOUT
9%
OLIVER'S CIDER
AND PERRY

KEG TROUBADOUR WESTKUST
KEG LERVIG KONRAD'S STOUT
KEG FOUNDERS CURMUDGEON 9.8%
PINT CASK DARK STAR HOPHEAD 3.8% £3.80 PINT
CASK WILD BEER BIBBLE 4.2% £3.90 PINT
CASK BAD WILD GRAVITY 5.2% £4.20 PINT
CASK PINT
CIDER LILLEY'S STARGAZER CIDER 4.5% £4.20 PINT
CIDER BARBOURNE STRAWBERRY CIDER 4% £4.40 PINT
CIDER OLIVER'S DRY CIDER 6% £4.40 PINT
& TAP TAKEOVER ON THURSDAY JUNE 18TH

Glossary
용어

양조는 수 세기 동안 이어져온 활동인 만큼, 중세의 분위기를 풍기는 관련 용어가 여럿 있다. 이런 단어는 옛 게르만어와 중세 영어에서 온 경우가 많다. 마녀의 냄비를 연상시키는 'wort'(맥즙, 참고로 제대로 읽으려면 'wert'와 비슷하게 발음하면 된다)이나 전통적인 구리조를 뜻하는 'copper' 등도 그런 단어다.

그리스트(Grist)
당화 단계에 사용되는 분쇄된 곡물.

끓임(Boiling)
맥즙에 홉의 쓴맛, 풍미, 아로마를 추출해내는 과정. 끓임조, 일명 '구리조(copper)'에서 수행함.

당화(Mashing)
당화조에 온수를 채워 곡물과 부재료를 담가 당분을 추출하는 과정. 단일 온도를 유지하는 방식을 싱글레스트, 온도에 변화를 주는 방식을 멀티레스트 방식이라고 한다. 매쉬아웃이란 효소 작용을 정지시키기 위해 당화 단계 마지막에 온도를 급격히 높이는 것을 말한다.

라우터링(Lauterinig; 여과)
곡물에서 발효 가능한 당분을 남김없이 헹구어내고 끓임 단계 직전에 필요한 맥즙의 부피를 맞추는 단계. 두 가지 단계로 나뉜다. 재순환, 즉 포어라우프는 당화조 안의 수분을 사용하고, 스파징은 곡물 여과층 위에 새로 물을 뿌린다.

랙킹(Racking)
용기에서 용기로 맥즙을 옮겨 담는 과정. 보통 1차 발효조에서 2차 발효조로, 또는 발효조에서 프라이밍 용기로 옮길 때 랙킹한다고 한다.

매쉬 홉(Mash hop)
당화 과정에서 쓴맛을 내기 위해 홉을 투여하는 것. 그러나 거의 사용되지 않는 방법이다.

맥즙(Wort)
당화 단계가 끝나면 얻을 수 있는 달콤한 액체. 발효성 당을 포함한다.

발효(Fermenting)
효모가 발효 가능한 당을 알코올과 이산화탄소로 전환하는 과정

발효도(Attenuation)
(효모에 의해) 당이 이산화탄소와 알코올로 전환되는 정도

병입(Bottling/Kegging)
맥주를 마시기 쉽도록 맥주병이나 케그 등 적당한 용기에 옮겨 담는 과정.

부가물(Adjuncts)
당화 과정에서 첨가되는, 발아시키지 않은 곡물. 때때로 스파이시함이나 색다른 향미를 더하기 위해 사용한다.

비중(Gravity, Specific)
액체의 밀도(브루잉의 경우, 맥즙에 녹아 있는 당의 농도)

산소 투입(Aerating)
효모가 발효를 시작할 수 있도록 끓임 단계에서 맥즙에 산소를 투입하는 과정.

숙성(Conditioning)
병, 배럴, 캐스크, 케그 등 용기에 맥주를 담아 숙성시켜 기포가 형성되고 풍미가 깊어지도록 하는 과정

아로마 홉(Aroma Hops)
맥즙이 끓기 시작하고 약 30분 뒤에 추가한다. 이들 홉은 맥주에 저알파산과 향을 더한다.

알파산(Alpha Acids: AA)
끓임 단계에서 추출되는 일종의 쓴맛을 내는 화합물이다.

양조용수(Liquor)
양조에 직접 사용되는 물. 용수의 총 부피를 둘로 나누어 당화 단계에서 곡물을 불릴 때와 스파징 단계에서 곡물에 물을 추가하는 데 사용한다.

월풀(Whirlpool)
다 끓인 맥즙을 빠르게 회전시켜 원치 않는 고형물을 냄비 바닥 중앙에 모으는 과정. 이 단계에서 소위 월풀 홉을 추가하기도 한다.

응집도(Flocculation)
발효조에서 효모가 덩어리지고 뭉치는 정도.

청징제(Fining)
프로토플록(Protofloc)이나 아이리시모스(Irish Moss) 등, 양조 과정에서 맥주를 맑게 하기 위해 첨가하는 물질

크라우젠(Krausen)
1차 발효시에 맥즙 윗부분에 형성되는, 단백질과 효모로 이루어진 거품층. 기분 나쁘게 생겼지만 양조가 잘 진행되고 있음을 알려주는 청신호다.

투입(Pitching)
맥즙에 효모를 투입하는 것.

트룹(Trub; 침전물)
끓임조 및 발효조에 가라앉은 침전물. 주로 홉찌꺼기, 단백질, 죽은 효모 세포로 구성되어 있다.

프라이밍(Priming; 당 첨가)
병입 전에 맥즙에 설탕(또는 몰트 추출물, 드물게 효모)을 첨가해 탄산 생성을 촉진하는 것.

플레임아웃(Flameout)
단어 뜻 그대로, 끓임조 아래 열원이 꺼지는 순간. 또한 아로마를 극대화하기 위해 열원을 끄는 것과 동시에 맥즙에 홉을 첨가하는 순간. '월풀' 참조

핫 브레이크/콜드 브레이크(Break, Hot and Cold)
핫 브레이크란 맥즙에 홉을 넣어 끓일 때 윗부분에 형성되는 침전물 거품을 말한다. 펄펄 끓어 넘치지 않게 조심하자. 콜드브레이크 역시 비슷한데, 끓임 단계가 종료된 후 식힐 때에 생기는 거품이다.

Index
색인

ㄱ

ㄴ

ㄷ

ㄹ

ㅁ

ㅂ

ㅅ

ㅇ

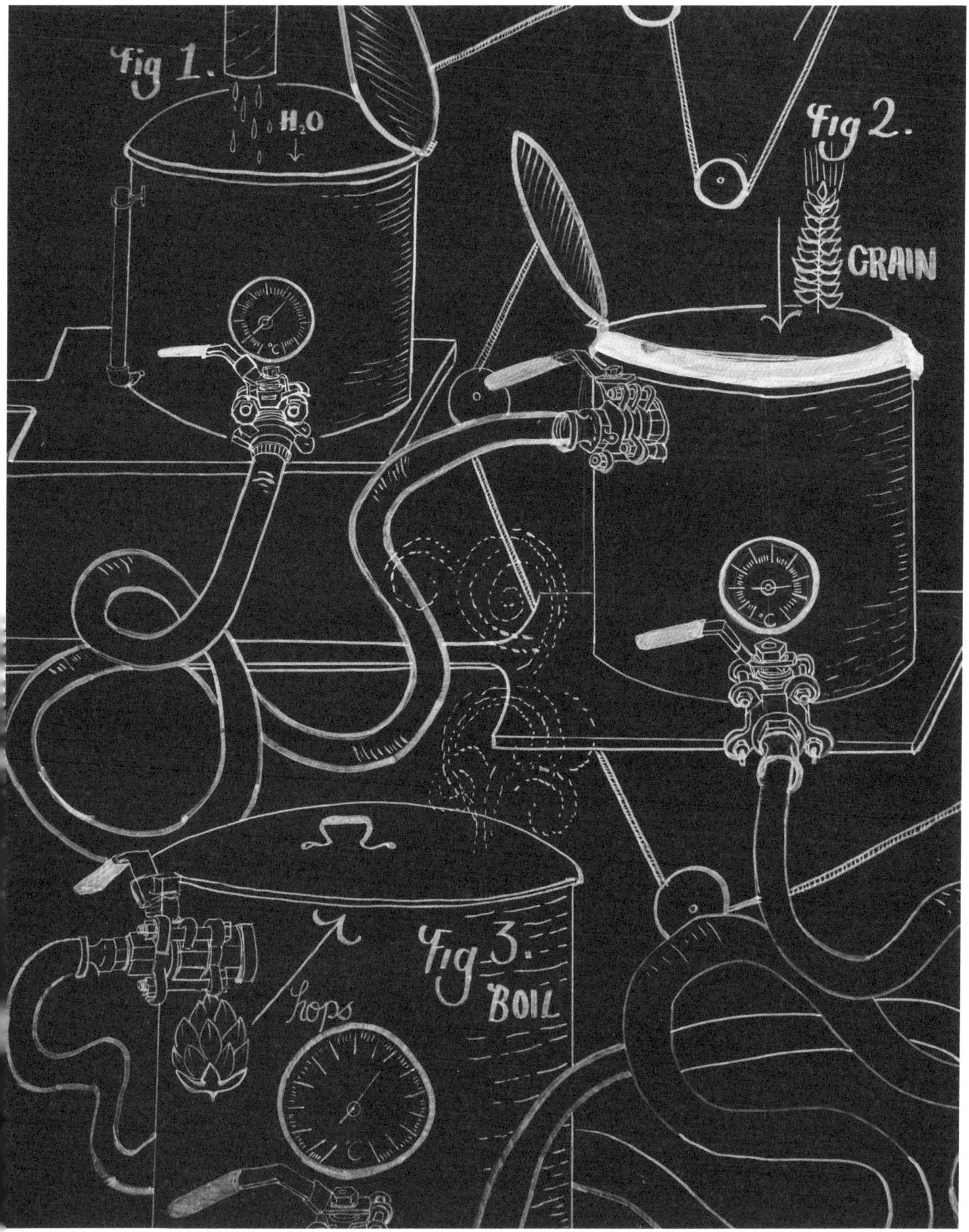
Fig 1.
H_2O
Fig 2.
GRAIN
Fig 3.
BOIL
hops

Acknowledgements
감사의 말

먼저 이 책을 모든 면에서 백배는 더 좋은 책으로 만들어준 멋진 담당 편집자 제나에게 깊은 감사를 드립니다. 뛰어난 일러스트와 디자인을 담당해준 애슐리, 훌륭한 사진을 찍어준 찰리에게도 감사의 인사를 전합니다.

레피시 공유를 요구하며 성가시게 괴롭혔던 모든 브루어리 관계자분들에게도 감사를 드립니다. 그들 한 분 한 분 모두가 세계적인 브루어들이지만, 특히 감사 인사를 드리고 싶은 분들을 이 지면을 빌어 언급하고자 합니다: 브루독의 제임스, 더 커널의 에빈, 비버타운의 로건과 젠과 닉, 러시안리버의 비니, 브라우어라이 드 몰렌의 존, 옴니폴로의 헤녹, 스틸워터 아티저널의 브라이언, 투 버즈의 제인과 다니엘, 본야드의 토니, 포얄라의 크리스, 크루키드 스테이브의 채드, 윌리엄스 브로스의 스콧과 더그 오델, 이스티보이즈의 스투, 뉴질랜드 크래프트 맥주 협동조합의 모든 사람들, 발라딘의 파비오, 브루어리 떼흐의 앤드류 벨과 벤자민 와이스, 자이갠티의 벤 러브.

전 세계의 유수 맥주를 한데 모아 사진을 찍을 수 있도록 도와준 모든 분께도 감사의 말을 전합니다: 홉 하이드아웃의 스플란도스, 롭, 벤자민, 벤, 티나, 파비오, 크리스, 줄스. 아울러 제가 그들의 영업장을 습격해 촬영장으로 사용하는 것을 기꺼이 허락해준 킹스 암스, 베스널그린, 더 쓰리 존스, 이즐링턴, 그리고 버몬지 유브루의 관계자 여러분께 감사를 드립니다.

끝으로 세계 제일의 크래프트 맥주 전문점 클랩튼 크래프트의 윌과 톰에게 깊은 감사를 전합니다!

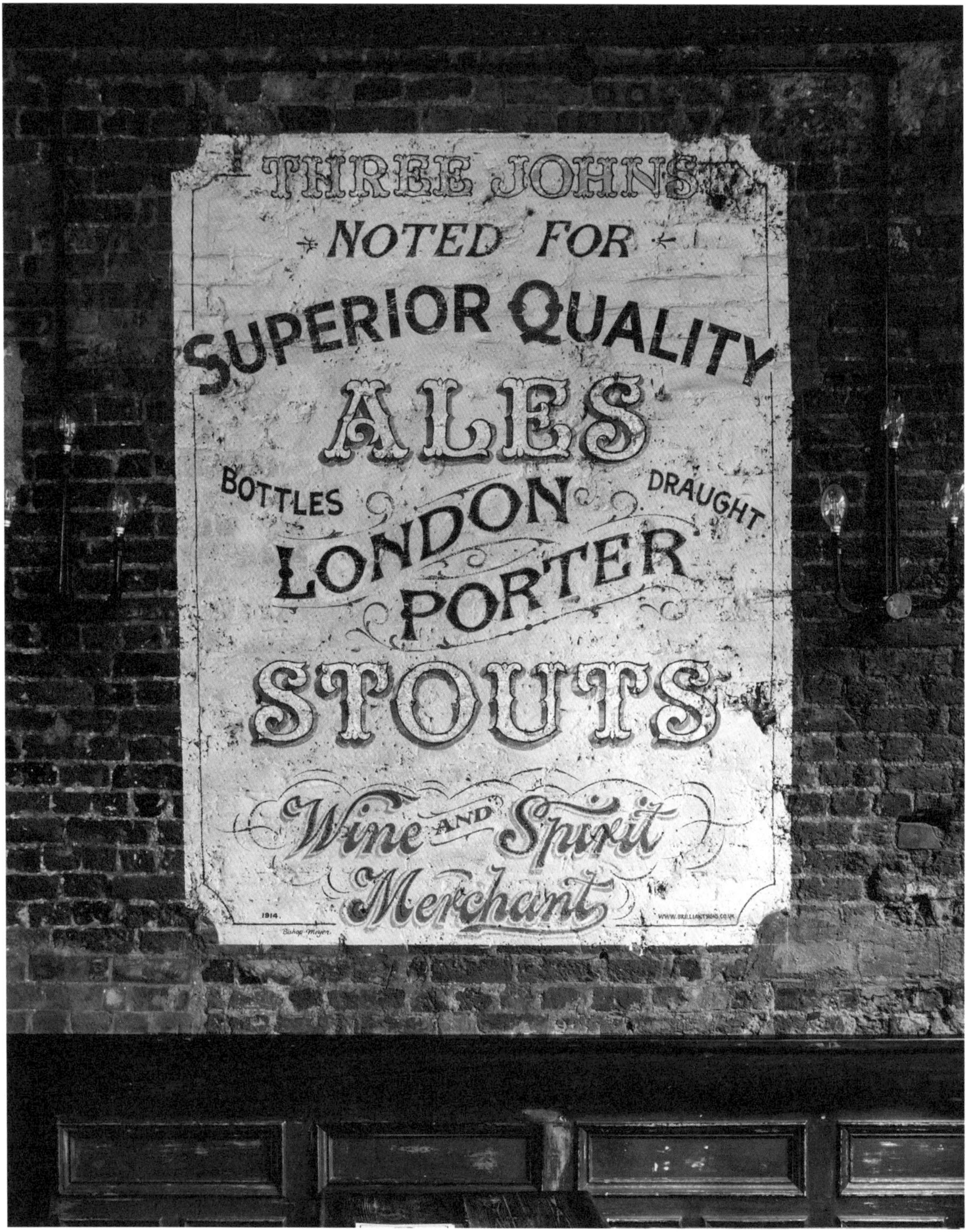
THREE JOHNS
NOTED FOR
SUPERIOR QUALITY
ALES
BOTTLES
LONDON
DRAUGHT
PORTER
STOUTS
Wine AND Spirit
Merchant
1914.
Bishop-Meyer
WWW.BRILLIANTSIGNS.CO.UK

옮긴이 · 김유라

스탠퍼드대학교에서 비교문학을 전공하고 번역가로 활동 중이다. 옮긴 책으로는 『코끼리 가면』, 『The Coffee Dictionary』가 있다. 서울 사투리를 쓰며 아시아 최고의 고양이와 살고 있다.

감수 · (사)한국맥주문화협회

농촌진흥청 인가 단체로, 올바른 국내 맥주 정보의 정립, 교육을 통해 국내 맥주 산업의 발전과 문화 확산을 위해 설립되었다. 맥주에 대한 다양한 콘텐츠 크리에이션, 교육 사업 진행은 물론 국내 농산물을 이용한 맥주 산업의 촉진 및 생산자와 소비자의 교류를 통해 건강하고 올바른 맥주문화 정착과 행복한 맥주를 즐길 수 있는 사회를 만드는 것이 목표이다.

윤한샘 | (사)한국맥주문화협회장, 고려대학교 MBA 경영학 석사,
되멘스 디플롬 비어소믈리에

김정하 | (사)한국맥주문화협회 이사, 브로이하우스 바네하임 오너 브루마스터,
Asia Beer Cup 심사위원

이명룡 | (사)한국맥주문화협회 이사, 정신건강의학과 전문의,
되멘스 디플롬 비어소믈리에

하승아 | (사)한국맥주문화협회 이사, 서티파이드 시서론,
대한민국 주류대상 심사위원

이공주 | (사)한국맥주문화협회 이사, 바틀샵 오프너 대표,
되멘스 비어소믈리에

BREWDOG
THIS. IS. LAGER.
INDIA PALE WEIZEN
BREWDOG VS. WEIHENSTEPHAN
BREWDOG
DEAD PONY PALE ALE
BREWDOG
PUNK IPA
BREWDOG
VAGABOND PALE ALE
BLACK

Craft Brew

초판 1쇄　　2018년 7월 25일

지은이 유안 퍼거슨
옮긴이 김유라 | **감수** (사)한국맥주문화협회

발행인 전재국
대표 정의선
편집 김주현, 성스레 | **디자인** 윤미정
마케팅 사공성, 신지철, 정은아 | **제작** 이기성

발행처　북커스
출판등록　2018년 5월 16일 제406-2018-000054호
주소　경기도 파주시 문발로 171 (문발동, 북씨티)
전화　영업 031-955-6980　편집 031-955-5981
팩스　영업 031-955-6988　편집 031-955-6979

값 18,000원
ISBN 979-11-964319-0-7-13590